（典藏增訂版）

保時捷911
傳奇

曾逸敦◎著

993 Coupe

自序

　　大約在十年前，雖然如願在中山大學機械系升上教授，但好像也失去了生活重心。為了重新找到對生活的熱情與活力，決定投入古董車的世界，於是買下了我人生第一台保時捷 911（1992 年的 964）。之後便陸續經歷了：剛購買車子的喜悅、隨之而來車子出問題的煩惱、找到正確的原因及零件（通常都需要好幾次的車友討論）、上網搜尋資料並向保養廠技師請教、最後耐心地等待問題解決後的成就感。

　　隨著收藏／割愛 964、993、930 循環次數的增加，也不斷地累積我對車子的基本知識。許多大學生也來找我進行車子相關的專題研究，我於是成立了部落格及臉書粉絲團，部落格名為：**曾教授與古董保時捷／** eatontseng.pixnet.net **／**，把一些比較實用的成果放在網路上與大家分享。而臉書粉絲團則名為：**曾教授的汽車世界**，除了轉載部分部落格文章之外，也會不定期地分享各類型的汽車資訊及知識。近年來我也開始在學校裡面開授「汽車學」（針對機械系學生的專業課程）及「汽車發展史」（針對一般學生的通識課程）等課。

　　在此非常感謝高雄市宏太汽車陳鴻興老闆提供車友們很棒的聚會場所，電腦改裝曾浩源工程師豐富的汽車維修知識，也提供了本書許多寶貴的意見。最後特別謝謝研究生（邱晟展、丁啟翔及吳婉寧）熱情參與討論及製作美麗的圖案。

保時捷的歷史簡單來說是由爺爺、父親及兒子三人所組成。費迪南‧保時捷（Ferdinand Porsche）設計金龜車，其子費利‧保時捷（Ferry Porsche）設計保時捷第一部跑車356，而後其孫子費迪南‧亞歷山大‧保時捷（Ferdinand Alexander Porsche）設計保時捷經典跑車911。

圖1-1　金龜車、356及 911立體圖

費迪南・保時捷（Ferdinand Porsche）

保時捷（Porsche）的創辦人是費迪南・保時捷（Ferdinand Porsche）。1875 年生於今日捷克北方近德國交界（當時由奧匈帝國統治）。1894 年（19 歲）來到奧匈帝國首都維也納求學，因成績不佳考不上大學，但卻在 1898 年進入奧匈帝國御用馬車工廠（Lohner & Co.）擔任首席設計師，開啟了他天才汽車設計的傳奇一生。

1.1.1　戴姆勒公司擔任技術總工程師

1906 年（31 歲）加入奧地利的戴姆勒公司擔任技術總工程師長達 17 年，一次大戰期間被國王法蘭茲約瑟夫（Franz Josef）派任斯科達（Skoda）技術總監製造武器，德奧政府透過維也納工業大學授予他名譽博士學位。戰後歐洲經濟蕭條，費迪南・保時捷博士決心運用他汽車設計的天分，製造一輛物美價廉的小汽車。當時提出的特點包含氣冷式引擎、圈狀彈簧或扭力桿獨立懸吊、後置引擎。

後來這些特點都在他設計的金龜車上實現。十分有趣的是，若干年後他的兒子費利・保時捷（Ferry Porsche）把金龜車壓扁一點設計製造出 356（保時捷第一代跑車）；而後他的孫子亞歷山大・保時捷（Alexander Porsche）再把 356 壓扁一點設計製造出 911（保時捷最經典跑車）。

圖1-2　費迪南・保時捷

（圖片來源：取自 www.biography.com）

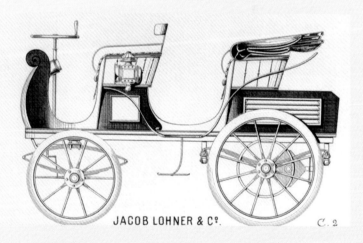

圖1-3　費迪南設計的第一部汽車

（圖片來源：取自 en.wikipedia.org）

1923 年（48 歲）加入位於斯圖加特（Stuttgart）的戴姆勒（Daimler）公司擔任首席設計師，該公司在 1926 年與賓士（Benz）合併，即今日 Mercedes-Benz 的前身。六年間設計經典 S、SS 與 SSK。此外費迪南・保時捷亦熱衷於賽車技術的研發，1900 年 Semmering 上出現的輪轂賽車（Lohner-Porsche），即出自他的親手設計。在戰爭期的時候，他所帶領的車聯車隊（Auto-Union），依靠先進的賽車科技發展，稱霸歐洲大陸，其中銀箭號賽車（Siberpfeil）、金龜車和扭力桿系統是他當時最具代表性的車作與技術成果。後來希特勒在致信邀請費迪南時，稱他為「德國最偉大的汽車工程師」，可見其當時在汽車界的知名度。

1.1.2　設立「保時捷設計師股份有限公司」及金龜車的誕生

1930 年在斯圖加特市區內的祖文豪森（Zuffenhausen）設立「名譽機械工程博士費迪南・保時捷設計師股份有限公司—引擎、汽車、航空器、船專業設計公司」。保時捷博士的構想是製造一輛結構簡單價格便宜的小車，採後置引擎省去傳動軸，採氣冷式引擎免除散熱水箱。

金龜車的歷史淵源可以追溯到 1930 年代的納粹德國。阿道夫・希特勒希望能夠生產一款可以被廣泛使用的平民化汽車，於是委任工程師費迪南・保時捷來完成這項任務。為了使每個人都買得起，希特勒要求：可以載兩個成人和三個兒童、最高時速 100 公里／小時、售價不超過 1000 馬克。同時還推出了一項儲蓄計畫讓普通民眾也可

圖1-4　金龜車、356及911側視圖

以買到汽車。而當時金龜車是由福斯汽車（Volkswagon）所製造。

1.1.3　才華洋溢的工程博士費迪南・保時捷

二戰時期 1940 年時，費迪南被派往法勒斯雷本的車廠擔任總經理。由於處於戰爭，車廠的生產線主要是進行軍備製造與維修，在此後的四年歲月裡，費迪南專注於坦克車的設計，並在戰爭結束前為納粹德國設計了象式坦克、P 型虎式坦克等武器。然而其性能並不出色，甚至存在瑕疵。

後世對於他這段時間的評價為「為納粹服務是事實，但他對納粹的本質了解則有待討論。作為一個工程師，費迪南十分精明、老練，但對於政治就如同小孩子一般，只要聽起來合理就能讓他相信。」

二戰後，費迪南並未因身為戰敗國方的科學家而遭冷落，1945年年底法國政府曾希望他到法國生產大眾汽車。但由於法國內政不穩，在雙方商議時便因涉嫌通敵而遭受逮捕，出獄後則被法國當局分派從事車子的測試工作。1947 年又再次因過去的經歷而入牢獄，此時七十餘歲的費迪南身體已不堪負荷，健康狀況每況愈下，在家人的奮力營救下始得交保回家。

1950 年在巴黎車展的歸途中中風，隔年（1951 年）病逝於沃爾夫斯堡，結束了其波瀾壯闊的一生。

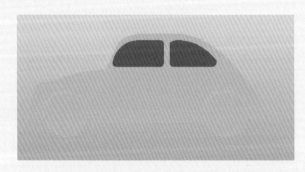

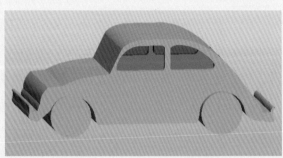

圖1-5　金龜車側視及立體圖

　　費迪南・保時捷創立了保時捷設計公司（該公司設計金龜車，並由福斯公司製造），但卻是由他的兒子費利・保時捷（Ferry Porsche）將設計公司變成真正的汽車製造公司。保時捷公司製造的第一台汽車為 356，零件完全由自家生產所以品質大大好過金龜車。生於 1909 年身為長子的費利・保時捷，19 歲時到 Bosch（車用電裝世界第一）與 Styer 學習汽車電機知識，1939 年因父親忙於福斯計畫而接任保時捷設計公司負責人。二戰期間，由於戰亂費利將臨時總部遷至奧地利西南山區格蒙鎮（Gmud）。

　　戰爭結束後，費利隨著父親過著斷斷續續的牢獄生活，保時捷公司也一度遷移至奧地利。此後很長一段時間裡公司僅靠修理汽車、拖拉機維持運作。儘管生活艱困，費利與其手下的工程師仍咬牙苦撐，並於 1947 年正式接替年邁的父親成為保時捷汽車製造公司的負責人，隔年保時捷 356 即問世。而後隨著 356、911 車型的熱賣，保時捷公司再度進軍賽車界，並在 60 ～ 80 年代許多耐力賽及錦標賽上奪得耀眼的成績，未來的汽車王國輪廓已具雛形。

表 1：356 生產表

期間	型式	數量
1950-55	356	7627
1955-59	356A	20345
1959-63	356B	30963
1963-65	356C	16668
1955-59	356A Carrera	700
1960-65	356B Carrera	375
1963-64	356C Carrera	126

1.2.1　356的誕生

　　1948 年第一輛 356 Roadster 於此地誕生（重 585 公斤，時速 145 公里／小時，耗油每公升 13 公里，比金龜車更省油），開啟保時捷跑車史上的里程碑。兩年後總部遷回祖文豪森，356 使用費利發明的同步齒輪箱取代金龜車的變速箱，並另外設計了盾牌標誌（中間 Stuttgart 是所在地，跳躍黑馬的四周是巴登佛登堡州徽，而顏色由德國國旗黑紅黃組成）。

　　從 1948 至 1965 年，保時捷共生產約八萬輛 356 車系（356 A ／ B ／ C），當時車迷間流行一句話：「擁有保時捷是一項投資，不是購買」。

圖1-6　356側視及立體圖

↑ 圖1-7　356

編輯圖片作者版權資料：Sergey Kohl ／ Shutterstock.com

↓ 圖1-8　356

編輯圖片作者版權資料：Max Earey ／ Shutterstock.com

↑ 圖1-9　敞篷356

編輯圖片作者版權資料：Norman Nick ／ Shutterstock.com

↓ 圖1-10　敞篷356

編輯圖片作者版權資料：EvrenKalinbacak ／ Shutterstock.com

1.2.2　保時捷家族之爭

　　由於費迪南・保時捷在早年時的工作經歷，使得保時捷早期發展時在德奧皆有根據地。1951 年費迪南死後，將財產平分給姊弟。費利・保時捷在斯圖加特（Stuttgart）繼續生產 356 保時捷，而姊姊露易絲・皮耶（Louise Piech）則在奧地利負責福斯的進口業務，這也為之後的家族之爭埋下了伏筆。在 1960 年代後期，強大的保時捷家族第三代陷入繼承權之爭。當時呼聲最高的接班人是費迪南・亞歷山大・保時捷（圖 1-11 右下方費利・保時捷的大兒子），因設計 911 成就非凡。然而，也有另外兩位人選被看好。一位是當時擔任保時捷生產經理的彼得・保時捷，雖然較藝術家性格但執行力強；另一位則是，具有出色研發能力，研發賽車的費迪南・皮耶（圖 1-11 左下方露易絲・皮耶的第三個小孩）。

　　費利面對著風雨欲來的前景下，1972 年在與姊姊露易絲商議後，解僱了所有第三代家族成員（下表列出家族成員當時的工作職位）。更難能可貴的是，他自己也主動離開了最高管理者的位子，並把崗位交給專業人士擔任，避免了家族持續衰弱的命運。也正因為如此，我們今天才能看到經典 Boxster 跑車及其他 911 系列車型的問世。費迪南・皮耶後來擔任福斯汽車總裁，掌管全世界數一數二之汽車集團（大部分時間日本豐田汽車為第一）。並著有《德國第一》一書，描述他生為費迪南・保時捷孫子，研發保時捷賽車成績斐然，繼而轉戰奧迪（Audi），最後擔任福斯汽車總裁的精彩過程。是一本非常有趣的書，很值得一看再看。費利・保時捷於 1999 年病逝於奧地利，遺骸被安葬於奧地利策爾湖邊（ZellamSee），與父母妻子永遠的長眠在山水風景裡。

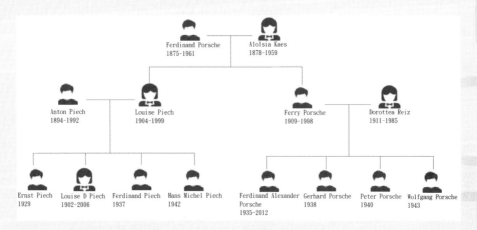

圖1-11　保時捷／皮耶家族

表2：家族成員

名字	年紀	職稱
露易絲 ・ 皮耶 （Louise Piech）	66	奧地利保時捷總裁
費利 ・ 保時捷 （Ferry Porsche）	61	保時捷總裁
央斯特 ・ 皮耶 （Ernst Piech）	41	奧地利保時捷總經理
露易絲 ・ 阿洪娜 ・ 皮耶 （Louise D Piech）	38	無職
費迪南 ・ 亞歷山大 ・ 保時捷 （Ferdinand Alexander Porsche）	35	保時捷設計經理
費迪南 ・ 皮耶 （Ferdinand Piech）	33	保時捷研發經理
葛爾德 ・ 保時捷 （Gerhard Porsche）	32	在哲爾湖經營農場
彼得 ・ 保時捷 （Peter Porsche）	30	保時捷生產經理
漢斯 ・ 米謝爾 ・ 皮耶 （Hans Michel Piech）	28	就讀法律系，畢業後進入 保時捷
沃夫剛 ・ 保時捷 （Wolfgang Porsche）	27	在維也納讀大學

費迪南‧亞歷山大‧保時捷
（Ferdinand Alexander Porsche）

費迪南‧亞歷山大‧保時捷 1935 年生於德國「科技之都」斯圖加特，是費利‧保時捷的長子。在孩提時代即深受祖父與父親的薰陶，大部分的時間都在設計室與開發部門中度過，累積了相當豐富的實務經驗。1943 年戰爭時期，曾一度隨父親遷往奧地利策爾湖畔就讀於當地的學校。1950 年中學畢業後，進入著名的烏爾姆設計學院（Ulm Academy of Design）深造，主要學習汽車和發動機設計。1958 年進入保時捷公司設計部門（Dr. Ing. h.c. F. Porsche KG）工作。

1958 年，費迪南‧亞歷山大‧保時捷先生加入保時捷公司的前身—保時捷工程辦公室，並很快地展露出他在設計領域的非凡天賦：用黏土塑造了保時捷 356 車型系列的首款後繼車型。1962 年，他接管保時捷設計工作室，並在一年後打造出風靡全球的保時捷 901 車型（後更名為 911）。費迪南‧亞歷山大‧保時捷先生設計的保時捷 911 堪稱是跑車中的經典傳奇，在其保持經典外型的同時，已經發展到了第八代車型。除了乘用車之外，費迪南‧亞歷山大‧保時捷先生亦同時涉足上世紀 60 年代的賽車設計領域。其中最為著名的車型包括 804 型 F1 賽車，以及現在被稱為「史上最美賽車」之一的保時捷 904 Carrera GTS。

圖1-12 亞歷山大與父親費利及牆上爺爺相片
（圖片來源：取自 press.porsche.com）

1.3.1　911車款的誕生

　　職場上初生牛犢的他，沿襲著父親 356 車型的概念，設計了 356 的後續車款 Type 754。1962 年接管設計工作室後，隔年即推出他一生的代表作 Porsche 911，其系列車款至今已發展到第 8 代，是全球最暢銷的名車之一。不得不說的是，911 亦是汽車史上採用氣冷式後置引擎設計的少數成功版本之一。從第一代 911 起，長而低的引擎蓋、後部傾斜的車身和青蛙眼大燈等特色，成了 911 車型的標準設計藍本，一直沿用至今。

　　除了設計乘坐車外，亞歷山大也熱衷於設計賽車，從 911 的基礎上衍生出了若干車種，60 年代馳騁的 804 型 F1 賽車，及保時捷 904 Carrera GTS 即是出自他之手。其中 911 的後繼車款 935，就時常在「不是方程式的方程式」（Silhouette Formula）之稱的 Group 5 上大放異彩。

1.3.2　Design by F.A. Porsche

　　在保時捷子公司度過的 1971 至 1972 年間，費迪南 · 亞歷山大 · 保時捷先生與其他家族成員一起退居二線。1972 年，他在斯圖嘉特成立了保時捷設計工作室（Porsche Design Studio），其總部於 1974 年遷至奧地利策爾湖畔（Zell am See）。在接下來的幾十年中，他以 Porsche Design 之名設計了許多經典男士精品，其中包括手錶、眼鏡和書寫工具等，其作品在全球大受好評。同時，他和他的設計團隊以「Design by F.A. Porsche」品牌為國際知名客戶量身訂製了大

圖1-13　第一代911側視及立體圖

圖1-14　保時捷901與他的設計者亞歷山大

（圖片來源：取自 press.porsche.com）

圖1-15　保時捷Targa與他的設計者 亞歷山大

（圖片來源：取自 press.porsche.com）

↑ 圖1-16　保時捷第一代911正面

編輯圖片作者版權資料：Sergey Kohl ／ Shutterstock.com

↓ 圖1-17　保時捷第一代911側面

編輯圖片作者版權資料：Sergey Kohl ／ Shutterstock.com

量的工藝產品、家居用品和耐用消費品。費迪南 · 亞歷山大 · 保時捷先生的設計信念是：「設計必須具備功能性，而功能又不可脫離視覺美感，好的設計絕不可以有任何難以理解的成分存在。」費迪南 · 亞歷山大 · 保時捷先生更認為：「優秀的設計作品無需多餘的裝飾，傑出的設計理念應當只憑藉型式便能征服他人。」他的作品外觀易於了解，又從不背離產品本身及其功能，因為他深信：出色的設計作品必須是真實的。

無論是作為一名設計師，還是其所設計的各類作品，費迪南 · 亞歷山大 · 保時捷先生都獲獎無數。比較重要的獎項有—1968 年，他因 Porsche 911 的出色設計榮獲 ComitéInternationale de Promotion et de Prestige 大獎；1992 年，漢諾威工業設計獎（iF）給予其「年度最佳獲獎者」殊榮；而在 1999 年，奧地利總統授予他教授榮譽頭銜。

費迪南 · 亞歷山大 · 保時捷先生與保時捷公司始終保持親密無間的合作關係，也是公司的董事會成員。在退出公司營運第一陣線後的幾十年間，他仍為保時捷的跑車設計貢獻了偉大的力量，這在上世紀 90 年代初保時捷經歷困難時期顯得特別突出。尤其 1990 年至 1993 年任職公司董事會主席期間，對保時捷營運管理狀況的好轉所做出的貢獻更永遠被銘記。2005 年，他將董事會主席的重任交給愛子奧利佛（Oliver），自己則擔任董事會名譽主席一職。2012 年 4 月 5 日亞歷山大保時捷死於薩爾茨堡，享年 76 歲，葬在位於策爾湖畔的舒特古德（Schüttgut）家族墓地中。就在同一天，新車型 911 的 991 型，在紐約國際汽車展被評選為「2012 年世界性能車」。儘管 991 是第七代 911，仍可以清楚地看見亞歷山大最初的設計理念。

圖1-18　費迪南・亞歷山大・保時捷

（圖片來源：取自 press.porsche.com）

PORSCHE 第2章

911 基本架構演進

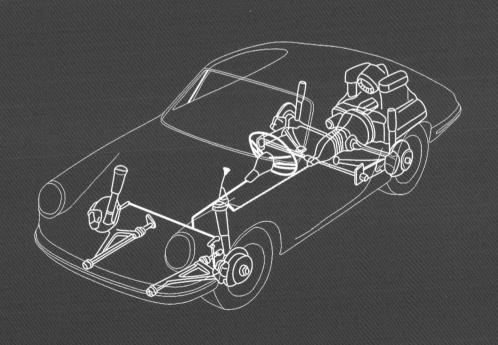

2.1 引擎基本介紹

引擎是帶領人們進入高速世界的代表物，有了引擎後，才有了現今的車、飛機、快艇等需要用到引擎的工具。引擎的出現最早可追朔至 17 世紀，最初的引擎極為粗糙，有著不環保、耗油等缺點，而在經過人們長時間的研究及改良下，引擎的效能愈來愈好，體積變小，也能夠因應近年來一直在強調的環保意識。

2.1.1 引擎構造

引擎基本各式零件如右圖。

2.1.2 運作原理

引擎的運作方式有二行程和四行程兩種，而四行程是最常見的運作方式，因此在此介紹四行程的運作（圖 2-2）。四行程引擎的活塞在運作時，會以二上二下為一個週期來輸出一次動力，在這四次動作中分別代表四個行程。

（1）進氣行程

活塞（H）在汽缸內自上死點向下行移動至下死點時，此時凸輪軸（R）聯動進氣凸輪（Q）推動進氣門（S），進氣門打開，將新鮮的空氣和汽油的混合氣吸入汽缸之內。

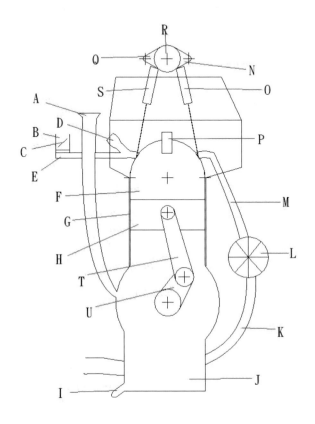

圖2-1 引擎基本零件

A 機油加注口　　G 冷卻水套　　L 渦輪增壓器　　Q 進氣凸輪
B 進氣管　　　　H 活塞　　　　M 排氣歧管　　　R 凸輪軸
C 節氣門　　　　I 放油塞　　　N 排氣凸輪　　　S 進氣門
D 噴油器　　　　J 機油槽　　　O 排氣門　　　　T 連桿
E 進氣歧管　　　K 排氣管　　　P 火星塞　　　　U 曲軸
F 燃燒室

（2）壓縮行程

進氣門（S）和排氣門（O）都關閉，活塞（H）由下死點上行移動至上死點，將汽缸中的混合氣壓縮，將氣體體積縮小，以達到提高混合氣溫度（氣體在壓縮後有溫度上升的特性）的效果，從而有利於混合氣的燃燒。

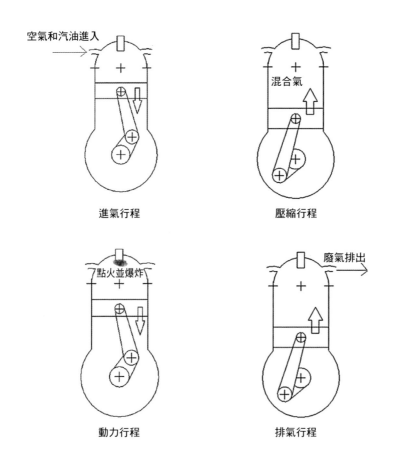

圖2-2　四行程引擎運作圖

（3）動力行程

此時進氣門（S）和排氣門（O）都關閉，火星塞（P）適時發出高壓電火花，將溫度很高的混合氣點燃，使其燃燒爆炸產生巨大的壓力，將活塞（H）從上死點推至下死點，進而推動曲軸（U）做功產生動力。

（4）排氣行程

活塞（H）自下死點上行移動至上死點時，此時進氣門（S）關閉，排氣門（O）因為排氣凸輪（N）的推動而開啟，汽缸中已燃燒過的廢氣由活塞向上移動時經排氣門排放至大氣之中。

2.1.3　各式種類

汽缸依照排列方式分出好幾個類型，像是常有人說「V8」，這就是其中一種汽缸排列方式，「V」就是排列方式，「8」則是汽缸的數量：

（1）直列式引擎

直列式引擎的縮寫是「L」，汽缸的排列方式很簡單，就是直接一個一個的排列出來。在同一平面上，以相同角度一個個垂直排列。一般來說只有 L4 和 L6，L4 是最常用的。直列式引擎的體積小，穩定度高，燃料消耗小，但功率低，引擎的震動大。

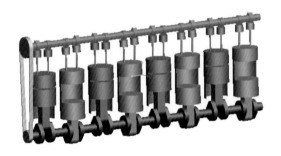

圖2-3　直列式引擎

（2）V 型引擎

　　V 型引擎是將複數的引擎以對稱的方式排列於曲軸兩側，形成一個 V 型結構。利用此種排法可以縮短因汽缸數的增加而增長的引擎長度，有效縮短引擎整體的體積。擺放的角度依照汽缸數的不同有 60、90、120 度三種常見的角度，其中 90 度是最優的角度。V 型引擎雖然節省空間，但重量會相對較重，容積效率也較低。

圖2-4　V型引擎

（3）W 型引擎

W 型引擎是以 V 型引擎為基礎，兩側的汽缸每一對都會和前一對汽缸錯開些微的角度。相較於 V 型引擎，W 型引擎的體積更小，重量較輕，馬力較大，但因結構複雜造成成本的增加，且在運作時會有很大的震動。

（4）水平對臥式引擎

水平對臥式引擎就像是將 V 型引擎的角度改為 180 度擺放，但結構和運轉方式卻不同，為本次主要介紹的引擎種類，將會在下半部分詳細介紹。

圖2-5　水平對臥式引擎

在水平對臥式引擎中，汽缸的排列方式就如圖中的相對水平放置的方式，中間以一個曲軸作中心，左右各自有一組汽缸和凸輪軸。由於左右對稱的汽缸在運作時很像拳擊手在出拳，因此又被稱為「boxer engine」。

2.2.1 基本介紹

水平對臥式引擎雖然看起來像是以 180 度擺放的 V 型引擎，但兩者間還是有差別，最關鍵的就是兩者左右的連桿在曲軸上連接方式的不同。180 度 V 型引擎左右的連桿在曲軸中連接的位置是重疊的，代表著左右的活塞在運動時是朝向相同方向，此種活塞的運動方式無法抵消左右的震動，使得震動較大；而水平對臥式引擎左右的連桿是以區軸中間為中心相對連接，左右的活塞在運動時的方向相反，此種活塞的運動方式能夠使引擎產生的左右震動互相抵消，使震動變小。

相對於其他垂直排列的直列式引擎，水平對臥式引擎的汽缸由於是左右水平相對運動，因此上下的震動非常小；而左右的震動則因為左右活塞運動是相對設計，能夠被互相抵消，因此整體的震動也會比較低。

在汽車所有的零件中，水平對臥式引擎的重量

最重，而且也是最難放置的部位。由於水平對臥式引擎須平放，因此擺放時會接近車身的底盤，使得車身的重心變低，在行進中會比較穩定。且因為水平運動的活塞平衡良好，因此在曲軸的配重較直列式引擎小，曲軸所需的重量變小，引擎整體的重量也就跟著變小。

　　儘管水平對臥式引擎有優點，但理所當然也有缺點。首先最大的缺點就是生產的成本較高。對直列式引擎而言，在製造引擎時，像是汽缸本體、氣門外蓋、凸輪軸之類的零件，只需要製造出一個就能構成引擎的基本構造；但水平對臥式引擎就需要製造出雙倍的量，而且因為引擎腳和周邊配件的安裝孔位不同，使得零件無法使用開模的方式成對製造。另一個缺點則是設計的難度，左右分離的進排氣系統、供油系統等部分，為了要能順暢地各自運作，需要有複雜的設計；且因為重力的關係，汽缸上半部的機油偏少，造成上半部容易磨耗的問題，因此水平對臥式引擎需要更加複雜的潤滑系統、排氣系統、冷卻系統等各種系統的設計。

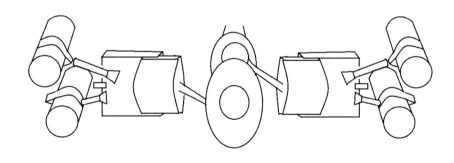

圖2-6　水平對臥式引擎

2.2.2 種類介紹

水平對臥式引擎的分類方式主要是由汽缸的數量來分類：

（1）水平對臥二缸引擎（F2, B2）

水平對臥二缸引擎只有兩個汽缸，組成水平對臥式引擎最基本的外觀架構，由於有良好的平衡性、震動少、等間隔爆發時扭力變動不減少等特性，被廣泛運用到摩托車上。但由於寬幅過大，汽缸頭常外露在車體外，駕駛時容易撞到汽缸頭，天氣炎熱時還可能因碰觸而燙傷。

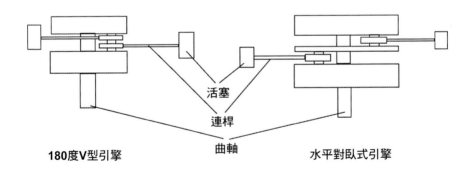

180度V型引擎　　　　　　　　　　水平對臥式引擎

活塞
連桿
曲軸

圖2-7　水平對臥式引擎

（2）水平對臥四缸引擎（F4, B4）

水平對臥四缸引擎的長度和直列式二缸引擎的長度一樣，但高度卻比較低，因此比直列式二缸引擎更能改善車體的平衡配重。由於前方投影面積比星型引擎小，可使飛機機體尖端變得更小，在二戰結束後，小型飛機多半使用水平對臥四缸引擎。使用水平對臥四缸引擎通常使用後置後驅、中置後驅等配置以保持後輪軸的低重心。

（3）水平對臥六缸引擎（F6, B6）

水平對臥六缸引擎的總長度和 V 型六缸引擎差不多，但高度較小，因此配置在底盤時重心較低，使車身的穩定性上升且更均衡。與水平對臥十二缸引擎相比，引擎室空間較小，散熱較容易，因此應用範圍更廣。由於採用氣冷式，需要配有散熱用風扇和強制氣冷風扇，且製造大排氣量的氣冷式汽缸需要高度加工技術和優良鋼材，使得成本上升，因此很少應用於飛機上。

（4）水平對臥八缸引擎（F8, B8）

水平對臥八缸引擎的數量不多，大部分使用在汽車及一些小型飛機，其中較有名的是 1968 年打造的保時捷 908。此外，在 1962 年爭奪 F1 世界選手權的 718 ／ RS61 則是搭載了氣冷式水平對臥八缸引擎。

（5）水平對臥十缸引擎（F10, B10）

世界上採用水平對臥十缸引擎形式開發的引擎很少。原本搭載水平對臥六缸引擎的雪佛蘭 Corvair，曾想將六缸變為十缸以擴大車體，但卻只停留在實驗性的階段。

（6）水平對臥十二缸引擎（F12, B12）

水平對臥十二缸引擎和 V 型十二缸引擎相比之下，雖然更扁平，重心較低，但卻需要更大的引擎室空間放置排氣系統，因此只局限於中置引擎的布局。由於在震動抵消方面未占盡任何優勢，因此很少用於市售量產車。水平對臥十二缸引擎經常用於競速賽事，活躍於 1960年代中期，此外也被使用於巴士上。

（7）水平對臥十六缸引擎（F16, B16）

水平對臥十六缸引擎沒有搭載於市售的量產車中，只用於競速賽事。雖然英國引擎製造廠家考文特力 · 克萊麥斯和保時捷都曾開發過水平對臥十六缸引擎，但都沒有真正使用到。

2.2.3　使用車種

（1）日本富士重工業（Subaru）

在 1966 年推出的 Subaru1000 是其第一個使用水平對臥式引擎的汽車，到現在仍然以 Subaru EJ 系列的水平對臥四缸引擎作為主力車種的動力來源，在公司內部又稱為 Horizontal-4 或 H4。2012 年和同為日本車廠的豐田汽車聯手推出了 Subaru BRZ 和豐田 86。在2007 年的法蘭克福車展上，展出了第一個使用柴油的水平對臥四缸引擎—EE20 型引擎，其使用的車種有 Forester、Legacy、Impreza、Outback。另外，在 1987 年上市的 Alcyone 使用了初次發表的水平對臥六缸引擎，1991 年則有 Alcyone SVX，在 Legacy 系列第三代開

始也有使用水平對臥六缸引擎—EZ 型引擎。

（2）德國保時捷（Porsche）

保時捷系列中的 356、550、904、912 到 914 都是使用水平對臥四缸引擎，並在 1963 年推出了使用水平對臥六缸引擎的保時捷 911。起初，911 有轉向過度的問題，對於駕駛技術部來說是一大障礙，但現在已有 PSM 車身動態穩定系統穩定車身。1997 年推出搭載了最後一款強制氣冷式水平對臥六缸引擎的保時捷 911。在 2005 年法蘭克福車展上，推出了搭載水平對臥六缸引擎的保時捷卡曼系列第一台車—卡曼 S，且第二代卡曼使用的 2.7 公升水平對臥六缸引擎，曾獲得 2014 年華德十大最佳汽車引擎的獎項。而 1969 年推出的保時捷 917 則採用了氣冷式水平對臥十二缸引擎，其引擎是從保時捷 908 的水平對臥八缸引擎改造而來。

（3）法國雪鐵龍（Citroën）

1948 年推出了使用水平對臥二缸引擎的雪鐵龍 2CV。而在 1961 年推出的雪鐵龍 Ami、1970 年的雪鐵龍 GS ／ GSA、1984 年的雪鐵龍 Axel 等則使用水平對臥四缸引擎。於 1955 年推出的雪鐵龍 DS 曾打算使用水平對臥六缸引擎，但最後失敗改成直列四缸引擎。

（4）德國福斯（VW）

福斯將水平對臥四缸引擎廣泛地使用在金龜車及其他車種，如廂型車系列。1982 年發展出了水冷式水平對臥四缸引擎，並將其搭載在福斯 T3 上。

歷代 911 唯一不變的，是始終使用水平對臥六缸引擎及後置後驅。將引擎放置在車尾，並由後輪驅動整輛汽車，世界上採用此設置方式最出名的經典車款即是本文所介紹的保時捷 911 系列，此設置選擇讓它擁有了經典的「甩尾」。其優點為結構緊湊，不需要沉重的傳動軸，而且也沒有複雜的前輪傳動兼驅動系統。後輪驅動車的引擎和變速箱可以安裝的比前輪驅動車靠後，這樣車重在前後輪之間的分布會更平均，有利於提升操控性。但缺點是因後軸負荷較大，在操控方面會發生與前置前驅相反的轉向過度。而且儘管後輪驅動的機械設計較簡單，因部件分布更分散的關係，動力系統的總重量會增加。

本節將會介紹其他重要的演進，包括：外型尺寸（愈來愈大）、引擎本體（水冷變氣冷）、供油系統（化油器階段、機械噴射階段及電子／電腦噴射階段）、變速系統（手排、自手排、手自排與雙離合器自手排）與懸吊系統（非獨立式改為獨立式懸吊）。

2.3.1 外型尺寸

保時捷 911 系列基本上五十年來形狀沒有什麼改變，讓人不得不佩服保時捷的堅持。圖 2-9 中將七

代的 911 排放在一起時，讀者可發現其基本輪廓維持相當一致，只是
每一代的車身都比前一代長一點。

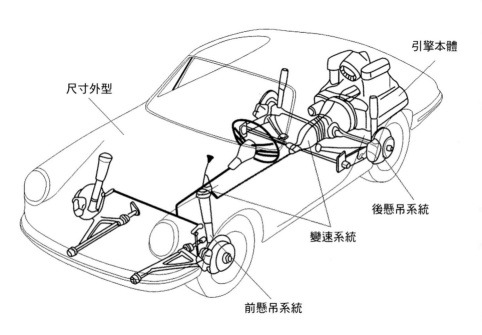

尺寸外型

引擎本體

後懸吊系統

變速系統

前懸吊系統

圖2-8　911基本架構

2.3.2 引擎本體

保時捷由最開始的第一代 911 至第四代都使用氣冷式引擎，雖然基本架構不變，但保時捷仍不斷嘗試新設計以精益求精。例如曲軸箱材質在 1964–1968 年間使用砂鑄鋁，1968 年之後改成高壓壓鑄鎂，到了 1975 年後改用高壓砂鑄鋁（high-pressure cast-aluminum）。還有另一個例子，像螺栓頭（studs）最早為鋼製，Dilavar 鋼合金螺栓頭早期應用於賽車引擎，1975 年 Dilavar 亮銀色的鋼合金螺栓頭首度用在 930 上，1977 年首度使用在 911 Carrera（930）的引擎。原以為已經解決鎂曲軸箱的問題，但還是很多此材質的螺栓頭被拉出甚至斷裂，於是 1980 年後 Dilavar 鋼合金螺栓頭便使用黃金塗層，到了 1984 年後再將螺栓頭中間一部分塗覆黑環氧塗層，但仍未解決容易斷裂的問題。早期因為沒有塗層的保護導致螺栓頭易被腐蝕的問題出現。最後，在 1997 年推出的 993 型號和 Turbo 系列沒有使用 Dilavar 合金螺栓頭，而是改成近似於 1964 年使用的鋼製螺栓頭，並稱為「全螺紋螺栓」（all thread studs）。

氣冷式引擎有一個致命的缺點，由於工作溫度高，因此每約 5–8 萬公里或每 5–8 年引擎會有滲油（漏油）的問題。所以這時就需要進行引擎重組（Engine Rebuild），就是把引擎分解成圖 2-11 中各個零件，清洗乾淨後再組裝起來。在美國費用約五千美金，而台灣約八萬台幣（零件費用約二萬、人工費用約六萬）。台灣因人工費用比較便宜其實蠻適合整理老車。

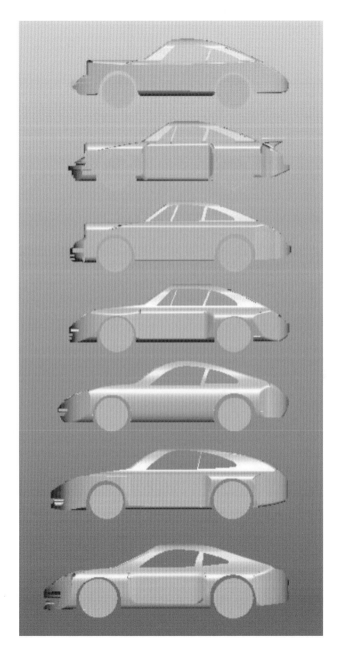

圖2-9　各代911車身長度

氣冷式引擎裝載的步驟與過程如圖 2-11：

1. 一開始，先將曲軸置放於面對裝載正時鍊條左側的曲軸箱內，為求牢固，會於左側曲軸箱外層邊緣利用細小的 Studs（螺栓頭）先行鎖進孔洞，並將曲軸箱右側套上，而後將 Studs 螺紋上利用螺帽依序固定之。並且，面對裝載正時鍊條右側的曲軸箱，於汽缸外圈分別裝載四個單邊螺栓 Bolts，將其穿越曲軸箱後，於左側曲軸箱以螺帽固定之，始完成曲軸箱固定。

2. 再來，將 Studs 的一邊鎖入曲軸箱上的螺孔中，其位置貼近前述 Bolts 裝載的孔洞。鎖上四隻細長的 Studs 之後，進一步利用水平量尺確認其裝載正確，然後將每個汽缸壁的外圈穿入上述四隻細長的 Studs。接著，必須先將活塞和曲軸箱內的連桿相結合。於活塞構件中可發現其中有一孔，與連桿相合後，經其孔洞將連桿用工具敲緊，完成後便可將汽缸壁推移至曲軸箱內。

3. 安裝汽缸壁後，再來則將汽缸頭套上。於此，使用前述所用之 Studs，在單邊鎖入曲軸箱與貫穿汽缸壁後，另一邊於汽缸頭內則使用螺帽固定。而後，於個別汽缸頭的進氣與排氣閥門旁的螺孔中各鎖入兩隻 Studs，再利用水平量尺觀察位置，以利之後與凸輪軸座固定。

4. 套上凸輪軸座，將汽缸頭裝載之 Studs 分別穿過凸輪軸座，再利用螺帽將其固定。而後，於凸輪軸座外圍再另外鎖入尺寸更小的 Studs，穿越墊片和上下層閥蓋，最後以螺帽固定之。以上便完成了引擎的安裝步驟。

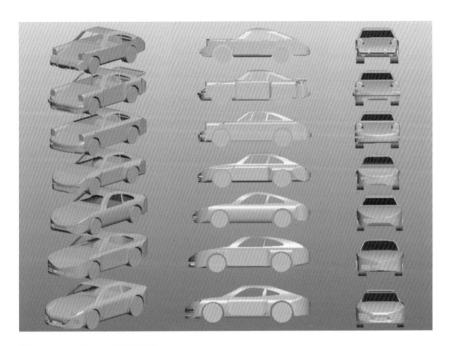

圖2-10　各代911車頭寬度

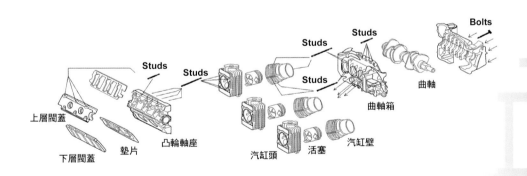

圖2-11　911氣冷式引擎分解圖

水冷式引擎由於工作溫度較低,因此並沒有引擎滲油(漏油)的問題,所以並不需要進行引擎重組(Engine Rebuild)。水冷式引擎和氣冷式引擎,在組裝上其實未有太大差異,然而構成的組件有部分相異,特別將水冷式引擎和氣冷式引擎的組件不同之處說明如下:

1. 水冷式引擎是將曲軸先裝載在曲軸箱內。與氣冷式引擎不同的是,水冷式引擎有一個引擎本體內含三個不獨立的汽缸。將已裝載曲軸的曲軸箱,再行安裝於引擎本體內。

2. 每邊的引擎本體內活塞安裝必須從最遠的汽缸開始,將曲軸箱內的連桿轉至適當位置,並利用特殊工具鎖緊,即完成最遠汽缸之活塞安裝,而後則再進行中間汽缸及最近汽缸的活塞安裝。

3. 接著,在進一步安裝上汽缸頭之前,會先於引擎本體外加裝一張墊片。所安裝之汽缸頭為三缸獨立之汽缸頭一併組合而成。而後,再於汽缸頭上裝載岐管支柱,上層支柱為進氣岐管的支柱,下層支柱則為排氣岐管的支柱。

4. 最後,水冷式引擎各汽缸只需裝載一點火器,而氣冷式的汽缸則需裝載兩點火器,這部分的差異可明顯從凸輪軸座分看出差別。氣冷式引擎為因應兩點火器,凸輪軸座便設計成特定角度,構成上下層,而水冷式引擎則否。是故,對應裝載上的閥蓋,水冷式引擎也就不需要上下層兩片,只需一個閥蓋即可。

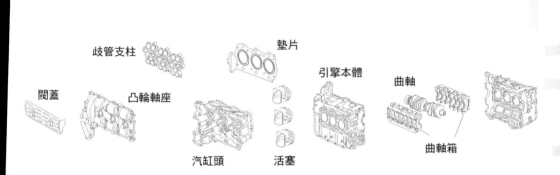

歧管支柱　　　墊片

閥蓋　　凸輪軸座　　引擎本體　　曲軸

汽缸頭　　活塞　　曲軸箱

圖2-12　911水冷式引擎分解圖

2.3.3　供油系統

在我們了解到引擎如何運作之後，接下來需要知道燃料和空氣如何從油箱被送至汽缸。將汽油與適當比例的空氣混合形成油氣，然後再一起送至汽缸內，這整個系統我們稱之為供油系統。

汽車供油系統的發展大致分成三個階段：化油器階段、機械噴射階段、電子／電腦噴射階段。

第一個階段是化油器階段。化油器基本上利用白努力原理：當經過的空氣流量小時，噴嘴處壓力大因此流出的油量少；反之，當經過的空氣流量大的時候，其噴嘴處壓力變小因此所流出的油量變大。保時捷在第一代 911（1963–1973）的前半期使用化油器，最早是 1963 年的 911 2.0 直到 1969 年的 911T 2.0。

第二個階段是機械噴射階段。這是一個非常精巧設計的液壓裝置，稱為燃油分配器。當空氣流量大時會將其翼板抬高，進而帶動柱塞上移而釋放出較高的油量。保時捷在第一代 911 的後半期開始改使用機械噴射系統（燃油分配器），且一直持續使用到幾乎整個第二代 911（1974–1989），直到最後期 911 Carrera 3.2（1984–1989）開始使用電腦噴射。

第三個階段則是電子／電腦噴射階段。相對於之前只使用單一的機械元件（第一階段的化油器或第二階段的燃油分配器），有三個電子零件會出現在最後這一階段。首先，空氣流量計量測空氣的流量，再把量測值傳至電腦（ECU），而電腦會根據量測值大小，送出電壓訊號至噴油嘴的電磁閥以釋放需要的油量。保時捷開始在第二代 911 的後期 3.2 使用電腦噴射，並且在第三代 911 中（除了 Turbo 款外）

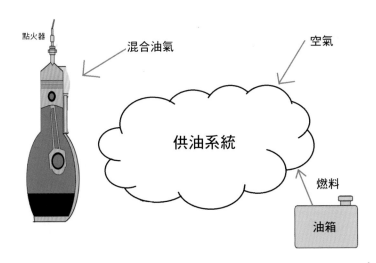

點火器

混合油氣

空氣

供油系統

燃料

油箱

圖2-13　引擎供油系統圖

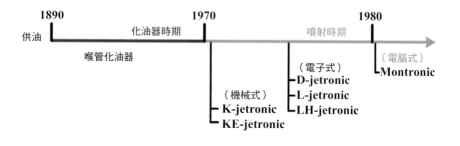

圖2-14　汽車供油系統發展圖

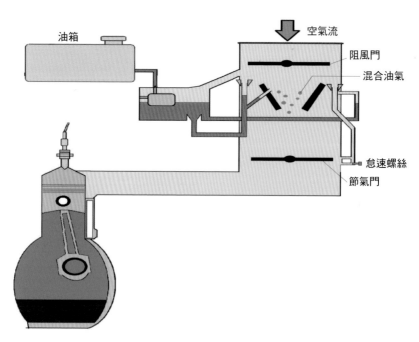

圖2-15　化油器示意圖

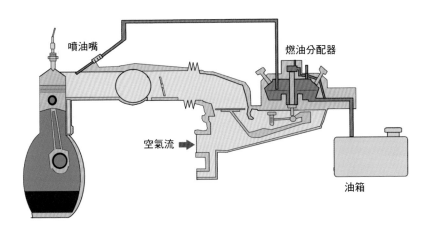

圖2-16　燃油分配器示意圖

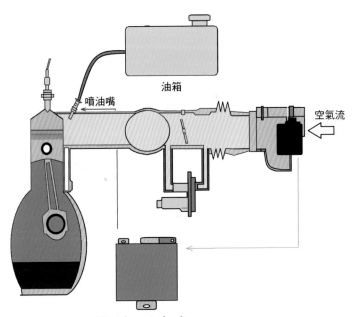

圖2-17　電子/電腦噴射示意圖

全面使用電腦噴射。

2.3.4　變速系統

　　一般來說，剛發車起步時，汽車加速需要較大的動力，然而此時車輛的速度低，所以引擎必須以高轉速來輸出較大的動力。而當速度加快，行駛動力的需求便隨著速度降底，此時引擎不再需要高轉速，便會轉而降低轉速來減少動力的輸出。汽車的速度在由低到高的過程中，引擎的轉速卻是由高變到低，要如何解決這個矛盾現象呢？「變速箱」裝置就是為此而生。

　　汽車變速系統的靈魂「變速箱」，一般又稱為「變速器」或「排檔」，是汽車行進中產生動力轉換的液壓設備。變速器通常會以驅動軸、差速器、車輪等裝置，將引擎產生的「高轉速、低扭矩」的機械動力，進一步轉換成更為有效的「低轉速、高扭矩」的動力。其作用是改變傳動比（或稱齒輪比），將引擎扭矩由變速器齒輪放大。回顧前面，當車輛剛起步時，由於本身質量較大，需要使用較大的力，根據槓桿原理，變速箱會使用半徑最長的低速檔大直徑齒輪把引擎扭力放大，協助車輛開始向前行駛；接著，當車輛開始行駛後，由於慣性會保持向前方移動，用較小的扭力即可讓車輛繼續向前行駛，所以變速箱改換入半徑較小齒輪比小的小齒輪高速檔，扭力放大倍數較小但旋轉轉速較快，即可用較少的引擎轉速達到相同車速的方式來省油，或讓車速更快。

　　Porsche 911 歷經數代變化，隨著變速箱為因應操作上的需求，而形成不同的變速系統。其主要分為四個階段：手動變速系統

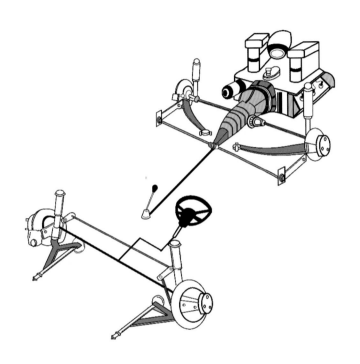

圖2-18　變速系統

（915／G50）、自手排變速系統（Sportomatic）、手自排變速系統（Tiptronic）與雙離合器自手排變速系統（PDK）。

（1）手動變速系統：915／G50

於 1963 年，Porsche 911 第一代推出，最早之 911／01 所採用之變速為四檔位變速系統；直至 1972 年後，則全面改採稱為 915 的手排系統。此時的變速系統有一特點，便是控制桿造型相當細長，在當時被戲稱為狗腿變速（Dogleg Gearbox），一般用於 911 基本系列車款，第一代 911 就用在 T 系列。而真正談論 Porsche 911 系列邁入五檔變速的分野，應是於 1989 年後 Porsche 911 推出第三代 964，才開始真正變為五檔變速。當時，964 的變速系統稱為 G50 系統，其進行了大幅度的修正，配合 964 著名的四輪驅動，將檔位全面提升到五段，並且於其控制桿外配上皮套，全面提升了換檔的速度。

（2）自手排變速系統（Sportomatic）

1969 年 911 做出了一次顯著的改進，將所有的 911 軸距由 2211mm 增加到 2268mm，讓 911 的操控感更沉穩了一些。還推出了名為 Sportomatic（使用年分：1969–1989 年）的變速系統，其結合了自動變速箱的液體接合器與手動變速箱的變速機構的四檔，形成一個類似手排的變速箱。

（3）手自排變速系統（Tiptronic）

1990 年保時捷推出了後輪驅動的 Carrera 2，同期一起推出的還

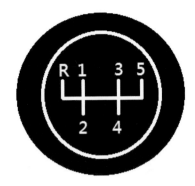

圖2-19　915 四檔位/G50五檔變速

圖2-20　Sportomatic

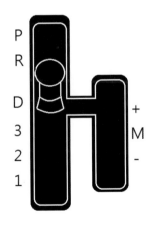

圖2-21　Tiptronic

有被保時捷稱為 Tiptronic（使用年分：1990–2007 年）的手自一體變速箱，又稱手自排變速箱，也就是手動、自動一體化的變速箱。

（4）雙離合器自手排變速系統（PDK）

保時捷於 2009 年，在量產的 911 Carrera 跑車上發表雙離合器變速箱，這取代了傳統的 Tiptronic 自動變速箱。PDK 雙離合器自手排變速箱結合了動態駕馭性能，手排變速箱優異的機械效能，以及自排變速箱極佳的換檔與駕乘舒適度。PDK 從一開始就比自排變速箱的換檔速度快 60%。

2.3.5　懸吊系統

懸吊系統又可稱為懸掛系統，主要是用以讓車輛行駛穩定性提升的機構組合。懸掛系統最早可追溯到古埃及王國，當時正值埃及領土擴張時期，戰爭頻繁，需要大量的馬車承載士兵，然而路面崎嶇容易導致翻覆，於是埃及人選擇用樹枝製作出類似彈簧的元件，藉以達到避震的效果，此乃避震系統最早的原型。而人類經過馬車時代到工業革命的汽車發展，如今的懸吊系統的構件亦由簡單走向了複雜，簡單來說，現代的懸吊系統是由彈簧、避震和許多連桿所組成的裝置，大部分裝置於車輛與車輪之間。

一般來說，引擎的擺放通常與汽車的動力系統有著密不可分的關係，為了避免動能損耗，會盡可能地將引擎、變速器及驅動軸擺放一致。綜合上述原則，我們不難得知，依據前輪或後輪驅動的分別，可簡單地將引擎和驅動的擺置分為：前置引擎前輪驅動（FF）、後置引

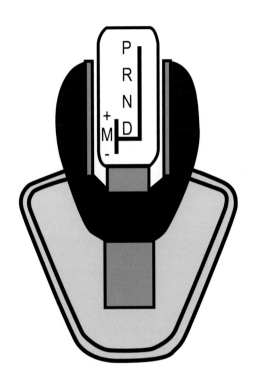

圖2-22　**Tiptronic**

擎後輪驅動（RR）來討論。

前置引擎前輪驅動（FF）：

簡稱前置前驅，意指引擎前置在車頭，由前輪驅動整輛汽車的方式。前置前驅約莫到了西元 1970 年代才慢慢被推廣，在普遍現代的中、小型轎車大量採用前置前驅，日系車款就熱愛配置前置前驅系統。優點為傳動系統元件較少、節省燃油，且可以降低車廂地板。缺點是由於前輪同時承擔驅動和轉向兩種功能，負擔較重，這將使得車輛在高速行駛時穩定性較差，操控時容易發生轉向不足的情況。此外，由於驅動輪在車體前端，重心集中在車輛前端，導致上坡時車輛驅動輪容易打滑、下坡時車輛容易翻車的情況。

後置引擎後輪驅動（RR）：

簡稱後置後驅，意指引擎放置在車尾，由後輪驅動整輛汽車的方式。早期廣泛運用在小型車上，但是後來隨著四輪驅動和前輪驅動的出現，目前後置後驅多運用於大客車，轎車上已經很少使用。世界上採用此設置方式最出名的經典車款，即是本文所介紹的保時捷 911 系列，其設置選擇讓其擁有經典的「甩尾」。優點為結構緊湊，不需要沉重的傳動軸，也沒有複雜的前輪傳動兼驅動系統。後輪驅動車的發動機和變速箱可以安裝的比前輪驅動車靠後，這樣車重在前後輪之間的分布更為平均，有利於提升操控性。且在啟動加速時車重會向後傳遞，後輪的荷重壓力因此提升，可使後輪擁有較佳的抓地力，加速性也跟著提升。缺點是因後軸負荷較大，在操控方面會發生與前置前驅相反的轉向過度。而且，儘管後輪驅動的機械設計較簡單，但是因部

件分布更分散的關係,動力系統的總重量增加。

911 系列所採用之懸吊系統

保時捷 911 系列中,考量其引擎配置位置,其車輛前後分別使用不同的懸吊系統,而隨著時代的需求,其懸吊系統亦隨著穩定性和轉向流暢度的要求不斷改變,以下分別介紹之。

表 2-1:911 系列所採用之懸吊系統

車型	前懸吊系統	後懸吊系統
911	剛性車軸式 Rigid Axle	扭樑式 Torsion Beam
930	剛性車軸式	扭樑式
964	麥花臣支柱式 MacPherson Strut	半拖曳臂式 Semi-Trailing Arm
993	麥花臣支柱式	多連桿式 Multi-Link

(1) Porsche 911 & 930 時期 (1963–1989):

於保時捷中,最早期車款 911 至 930 所採用之懸吊系統均為:前輪懸吊使用剛性車軸式懸吊,後輪懸吊使用扭樑式懸吊。

（2）Porsche 964 時期（1989–1993）：

911 系列發展到了 964 時期，由於引擎開始擺脫機械式的噴油方式進入電子化，引擎的負重大幅減低，連帶車身重量也不若以往，早先為避免翻車等承載穩定性需求降低，於是本時期車輛的懸吊開始著重於流暢度。保時捷 964 所採用的懸吊系統更動為：前輪懸吊使用麥花臣支柱式懸吊，後輪懸吊使用半拖曳臂式懸吊。

（3）Porsche 993 時期～至今（1994– 至今）：

保時捷 993 之所以被譽為 911 系列中最好開的車款，最大的不同即來自於其將後輪懸吊系統從非獨立式的半拖曳臂式改為獨立性和操控性最優良的多連桿懸吊。這能讓車主的控車體驗擁有自保時捷 911 系列以來最大的自由度及最佳的流暢度。保時捷 993 所採用的懸吊系統更動為：前輪懸吊使用麥花臣支柱式懸吊，後輪懸吊使用多連桿懸吊系統。

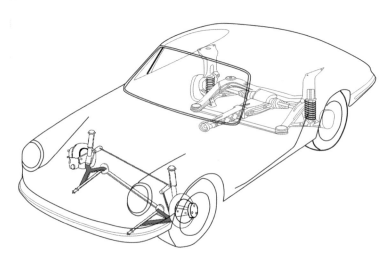

圖2-23　前輪懸吊（剛性車軸式）與後輪懸吊（扭樑式懸吊）

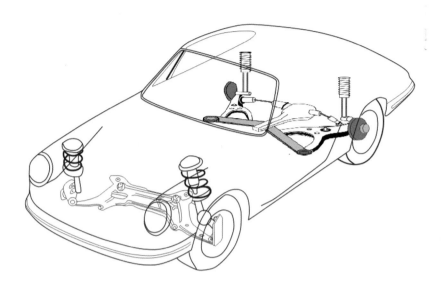

圖2-24　前輪懸吊（麥花臣支柱式）與後輪懸吊（半拖曳臂式）

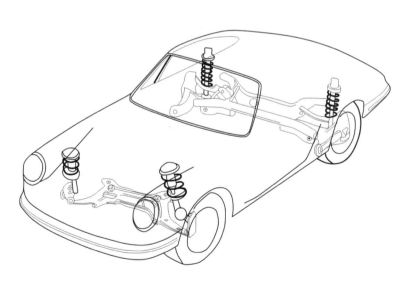

圖2-25　前輪懸吊（麥花臣支柱式）與後輪懸吊（多連桿）

第一代 911

機械引擎結構是指供油系統使用化油器或是燃油分配器，因為這兩個零件都是純粹機械式的零件。保時捷在第一代 911（1963–1973）的前半期使用化油器（請參考右圖的虛線框），最早是 1963 年的 911 2.0 到 1969 年的 911T 2.0。而後，在第一代 911 的後半期改使用燃油分配器（請參考圖的細線框），此後便一直使用機械噴射系統直到第二代 911（1974–1989），只有在第二代 911 的最後期 911 Carrera 3.2 上才開始使用電腦噴射。所以說整個機械引擎的結構是涵蓋了 911 的第一代及幾乎整個第二代，也就是由 1963 年到 1989 年為止。

本章將說明化油器引擎的運作原理，而下一章則說明燃油分配器引擎（K 式噴射系統）的運作原理。

表 3-1　第一代 911 車款

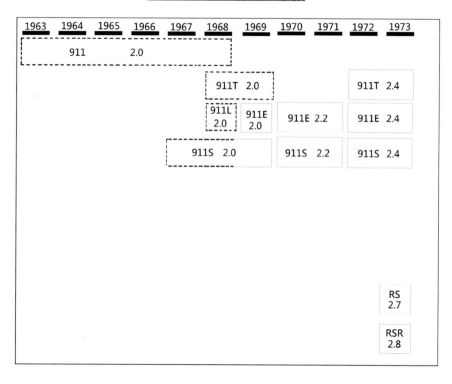

1963	1964	1965	1966	1967	1968	1969	1970	1971	1972	1973
911 2.0										
					911T 2.0				911T 2.4	
					911L 2.0	911E 2.0	911E 2.2		911E 2.4	
			911S 2.0				911S 2.2		911S 2.4	
									RS 2.7	
									RSR 2.8	

3.1.1　車型演進

911 & 912

Porsche 在 1964 年 9 月開始生產 901，因法國汽車製造商寶獅（Peugeot）抗議中間字母 0 的專利權，而在 1964 年 11 月 10 日改成 911。所以只有 82 台 901 被生產。當時一台 911 在德國售價 $5800、在美國售價 $6500。開始的 911 是六缸 2 公升引擎使用 Solex 化油器（1966 年 3 月後改採 Weber 化油器），產生 130 匹馬力，0–100 只需 8 秒。至 1965 年底 Porsche 共售出 3390 輛 911 和 6401 輛 912（911 外表但使用 356SC 四缸 1.6 公升引擎）。

911S

同時 1966 年底，第一輛 911 敞篷車 Targa（義大利文意為 Shield，蓋子）推出。1967 年 Porsche 開發高性能版 911。911S 產生 160 匹馬力並使用福斯（Fuchs）鍛造鋁輪圈（圖 3–3）增加外觀魅力。1967 年底起因為使用 Weber 化油器的 911S（較大的進氣／排氣閥與較濃油氣混和）無法通過美國的新廢氣排放標準，Porsche 開發 911L（Luxury，130 匹馬力）結合 911S 的內裝與配備並加裝廢氣排放幫浦，並且也發表入門級 911T（110 匹馬力）。在 1967–1968 年，Porsche 共有三款 911：911T（110 匹馬力）、911L（130 匹馬力）及 911S（160 匹馬力），這些就是所謂 A 系列設計。

↑ 圖3-1　Porsche 912
編輯圖片作者版權資料：Steve Lagreca ／ Shutterstock.com

↓ 圖3-2　Porsche 912
編輯圖片作者版權資料：Richard Thornton ／ Shutterstock.com

圖3-3　Porsche 911S

編輯圖片作者版權資料：Darren Brode / Shutterstock.com

911T

　　1969 年起，Porsche 對 911 ／ 912 進行 B 系列設計，最主要為將部分車重由後移前以改善車重分配與操控性能。在不改變車身的情況下，將後輪移後 57mm 並將輪寬增為 2268mm。主要的改變有使用較長的後懸臂和新接頭以連接引擎與後輪，將一顆 12 伏特電池改為兩顆 12 伏特電池各在左右頭燈下以進一步改善車重分配，改使用鋁而非鎂來鑄造曲軸箱及在 911S 與 911E（取代 911L，E 德文意為噴射 injection）上使用 Bosch 機械噴射系統，以符合美國廢氣排放標準。而在入門款 911T 上繼續使用 Weber 化油器，但加裝減速閥。

　　早期出產三款：入門款 911 或 911T（110 hp），豪華款 911L（L：Luxury）與運動款 911S（S：Sport）。

圖3-4　Porsche入門款 911 或 911T

編輯圖片作者版權資料：Richard Thornton / Shutterstock.com

圖3-5　Porsche豪華款 911L

編輯圖片作者版權資料：Karasev Victor / Shutterstock.com

911 Carrera 2.7 RS

1970 年秋天，保時捷兩大家族 Porsche Piech 宣布所有子女退出保時捷公司的經營，也讓保時捷公司由家族企業開始轉型。1970–1971 年間，911 引擎也從最早的 2.0 公升（1963 年起）增加到 2.2 公升。入門款 911T 上改使用改裝過的 Zenith 化油器以符合美國廢氣排放標準。到了 1972–1973 年，911 引擎再增加到 2.4 公升。並且 Porsche 首次使用這新的 2.4 公升引擎作為 GT 賽車引擎基礎。在 1972 年的巴黎展覽（Paris Show），Porsche 推出 2.7 Carrera RS，並宣布將製造 500 台來參加 GT 賽車 Group 4。Carrera 西班牙文為 Race，而 Rennen 德文也為 Race，所以 RS（Race Sport）從此成為保時捷跑車賽車版。RS 其實有三種版本：（1）M471 RS Sport 是輕量版；（2）M472 RS Touring 是普及版，許多配備與 911S 類似；（3）M491 RSR 則是超賽車版。Carrera RS 的推出獲得超乎想像的成功，到了四月甚至夠資格參加 GT 賽車 Group 3。

其中輕量版的 Carrera 2.7 RS 成為市場上最紅的收藏品（僅 1580 RSs 與 49 RSRs），目前約台幣六百萬，使得 replica（911T 車體改成 Carrera 2.7 RS）也要二、三百萬。

圖3-6　Porsche Carrera 2.7 RS
編輯圖片作者版權資料：joeborg / Shutterstock.com

圖3-7　Porsche Carrera 2.7 RS
編輯圖片作者版權資料：NaughtyNut / Shutterstock.com

圖3-8　Porsche Carrera 2.7 RS

編輯圖片作者版權資料：Martin Lehmann / Shutterstock.com

圖3-9　Porsche Carrera 2.7 RS

編輯圖片作者版權資料：fotandy / Shutterstock.com

3.1.2　引擎運作原理

　　引擎運作基本原理其實非常單純，空氣系統提供的空氣加上供油系統提供適當比例的燃油，形成混合油氣一起進入引擎，再由點火系統中的點火線圈及分電盤，將高壓電送至各汽缸產生爆炸驅動引擎運作（圖 3-10）。啟動電路則提供必要電力給以上三個系統（圖 3-11）。空氣（在本書中用藍色表示）由右上方向下進入化油器，燃油（在本書中用褐色表示）因白努力原理噴出，與空氣形成混合油氣向下經過節氣門直達引擎。啟動電路一則提供電力給汽油幫浦，將汽油由油箱送至化油器，二則提供電力給點火系統進行點火。

　　若只有引擎結構示意圖（圖 3-10），讀者並無法知道真正的零件在哪，因此本書也將提供引擎真實結構圖，將原理與實務結合以增加閱讀的趣味性及易理解性。在了解化油器引擎基本運作示意圖之後，再來看看真實的引擎結構圖，我們就可以更清楚知道運作的基本原理及所有重要零件的位置。首先，在圖 3-10 可看到上述之空氣由右上方向下進入化油器，汽油先藉由汽油幫浦從油箱運輸至化油器內，當空氣進入時，化油器就會根據通過空氣量釋放出等比的汽油以形成混合油氣。然後混合油氣接著往下經過節氣門，先經進氣歧管再至進氣閥門進入汽缸，等待引擎壓縮點火爆炸後，最後廢氣再經由排氣閥門排至排氣管。進氣閥門與排氣閥門都是經由凸輪軸所控制。

　　保時捷 911 所有系列都是後置引擎。將後行李箱的蓋子打開我們就可以看到引擎，本書採用這個角度當作引擎的正面視圖（圖 3-12）。

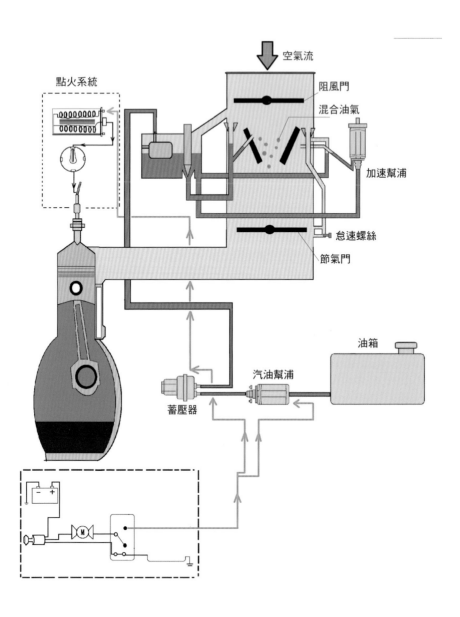

空氣流

點火系統

阻風門

混合油氣

加速幫浦

怠速螺絲

節氣門

油箱

汽油幫浦

蓄壓器

圖3-10　化油器引擎結構示意圖

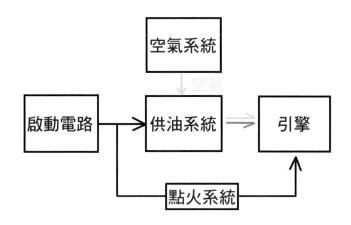

圖3-11　化油器引擎運作簡圖

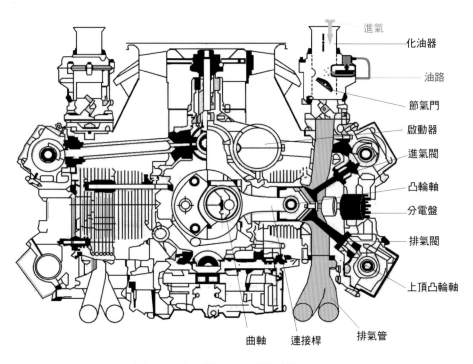

圖3-12　保時捷化油器引擎結構正面視圖

水平對臥引擎室是左右對稱的，因此我們將右邊畫成剖面圖來呈現許多重要的引擎零件，而左邊則維持引擎的外觀圖。另外，我們也提供了右邊的側面視圖（圖3–13）來補充一些正面看所看不到的東西。

　　圖3–14是第一代911的末期引擎結構（1969–1973年），此時開始使用機械噴射取代化油器，這第一代的機械噴射引擎（Bosch Mechanical Injection）是由博世（Bosch）所開發，讀者由圖中可看出引擎上半部的化油器已消失。而從第二代911起，保時捷全面使用更穩定的第二代機械噴射引擎（Bosch K-Jetronic）。詳細機械噴射原理會在下一節說明。

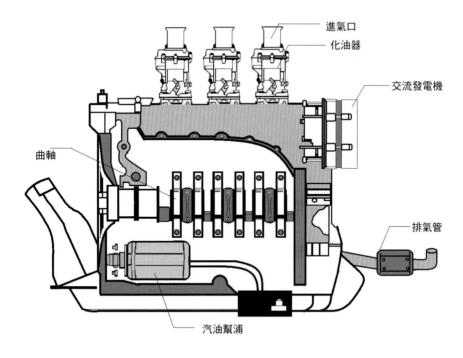

進氣口
化油器
交流發電機
曲軸
排氣管
汽油幫浦

圖3-13　化油器引擎結構右側面視圖

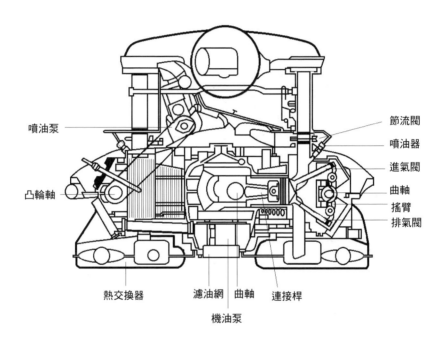

噴油泵

節流閥

噴油器

進氣閥

凸輪軸

曲軸

搖臂

排氣閥

熱交換器　　　濾油網　曲軸　連接桿

機油泵

圖3-14　Porsche機械噴射引擎結構正面視圖

保時捷在第一代 911（1963–1973 年）的後半期開始使用燃油分配器，起初是使用博世（Bosch）所開發的第一代機械噴射引擎（Bosch Mechanical Injection），而到了第二代為強調供油精準，則全面使用更穩定的第二代機械噴射引擎（Bosch K-Jetronic），也稱為 K 噴射系統（請參考表 3–2 的細線框）。保時捷只有在第二代 911 的最後期 911 Carrera 3.2 上開始使用電腦噴射（請參考表 3–2 的粗線框）。

本節將說明 K 式噴射系統引擎運作原理，而下一節則說明電腦噴射運作原理。

表 3-2　911 機械引擎結構

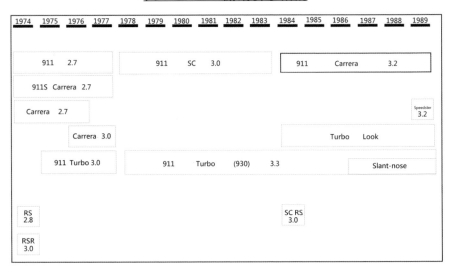

3.2.1 車型演進

911 2.7

1974 年起，美國規定新保險桿必須能吸收時速每小時 5 英哩的撞擊能量，因而工程師將鋁製保險桿安裝在兩側橡膠避震阻尼器上形成完全不同於之前的車頭外觀。保時捷開始生產 G 系列，基本款 911（2.7 公升引擎／150 匹馬力）取代了入門款 911T 和豪華款 911E。原有的 911S 現在稱為 911S Carrera，產生 175 匹馬力，並另推出 911 Carrera 2.7（210 匹馬力），成為當時最高檔的 911。此外，全系列使用 Bosch K 機械噴射系統（CIS）取代 Bosch 第一代機械噴射系統，達到更佳的燃油效率及廢氣排放標準。

圖3-15　Porsche 911 2.7
編輯圖片作者版權資料：NaughtyNut / Shutterstock.com

圖3-16　Porsche 911 2.7
編輯圖片作者版權資料：Oleg Golovnev / Shutterstock.com

911 Turbo 3.0

1975 年起，911 外觀上有些明顯的改變。車身排雨溝由方型改成圓形，鴨尾巴（Ducktail）擾流尾翼改成鯨魚尾巴（Whaletail，請見圖 3-16），採新橡膠前擾流下巴（請見圖 3-15），餅乾型（Cookie Cutter，請見圖 3-15）輪框成為標準配備及最後一年 911 字樣出現在引擎蓋上等。同時，1975 年全世界第一款量產渦輪增壓車誕生了，Porsche 911 Turbo 採用 3.0 引擎（引擎代號 930／50，前三碼代表引擎結構，後二碼常代表銷售地區、年分或功能，如：930／50 銷往世界其他國家、930／51 銷往美國）產生 260 匹馬力，有鯨魚尾巴（Whaletail）及標準四速變速箱，但剎車性能不好，只生產至 1977 年（圖 3-17、圖 3-18）。

圖3-17　Porsche 911 Turbo 3.0
編輯圖片作者版權資料：Oleg Golovnev／Shutterstock.com

圖3-18　Porsche 911 Turbo 3.0
編輯圖片作者版權資料：betto rodrigues／Shutterstock.com

911 SC 3.0

一般車友所稱的 930 是泛指 Porsche 採用引擎代號 930 ／ xx 生產的車，1975–1989 年期間共長達十五年。共有三代自然進氣車款（911 Carrera、911 SC、911 Carrera 3.2）及三代渦輪增壓車款（911 Turbo 3.0、前期 911 Turbo 3.3、後期 911 Turbo 3.3）。所有車款引擎（除了 911 Carrera 3.2）都採用 K 機械噴射系統供油（Bosch K）。

1976 年，保時捷推出 Carrera 3.0（引擎代號 930 ／ 02 為標準傳動、930 ／ 12 為 Sportomatic）來取代 Carrera 2.7，成為 911 自然進氣旗艦車。這顆 3.0 公斤的引擎能產生 200 匹馬力，是以之前 Turbo 3.0 的引擎為基礎，並且成為後來 911 SC 3.0 引擎之前身。Carrera 3.0 和 Turbo 3.0 一樣都使用壓鑄鋁（Die-cast Aluminum）曲軸箱。保時捷在 1967 年就開始開發使用不鏽鋼防鏽技術，雖然成果非常良好，但是基於成本考量無法採用。1971 年改採用部分鍍鋅鋼板來做防鏽處理，1976 年中開始全車都採用鍍鋅鋼板，防鏽效果十分良好，所以之後才能推出十年的防鏽保證。1977 年起，銷往美國要有廢氣回收（ERG）以符合廢氣排放標準，Turbo 3.0 首次使用動力輔助剎車大幅改進剎車功能。

1978 年起，開始生產的 911 SC（引擎代號 930 ／ 04 銷往美國 49 州、930 ／ 06 銷往美國加州、930 ／ 03 銷往世界其他國家）可以說是一顆全新的引擎。因為它不但改良 Turbo 科技以應用在自然進氣引擎上，來解決自 1970 年起引擎不斷增大所衍生的問題，而且也開發許多廢氣排放控制裝置來解決世界上逐漸升高的環保要求。1980 年開始使用含氧感測器系統（Oxygen Sensor System）和三相觸媒轉換器（Three-way Catalytic Converter）。

↑ 圖3-19　Porsche 911 SC 3.0
編輯圖片作者版權資料：Alexander Kirch ╱ Shutterstock.com

↓ 圖3-20　Porsche 911 SC 3.0
編輯圖片作者版權資料：ClickyClarkPhotos ╱ Shutterstock.com

911 Turbo 3.3

1978–1983 年生產的前期 911 Turbo 3.3 有許多改變而採用新的引擎代號 930／60–65，其他改變包含新的尾翼：茶托盤（Teatray，請見圖 3–20）使中間冷卻器（Intercooler）能放在引擎之上，剎車性能升級至同 917 賽車元件更大的剎車盤與活塞。1983–1989 年生產的後期 911 Turbo 3.3 引擎中有了新的溫熱調節器（Warm-up Regulator），改良

圖3-21　Porsche G50手排

圖3-22　Porsche 911 Turbo 3.3
編輯圖片作者版權資料：Clari Massimiliano／Shutterstock.com

的燃油分配器加入 Capsule Valve 以增加加速時油路反應，及排氣卸壓閥（Wastegate）廢氣經過自己的排氣管。1989 年採新的五速變速 G50 取代四速變速 915（自 1972 年起使用）。倒檔在 H 的左邊，而第五檔在 H 的右邊。

911 Turbo 3.3 Slant-nose

1984 年，保時捷又開始使用 Carrera 這個字來生產 911 Carrera 3.2，它是 Porsche 第一款使用微電腦（ECU）的量產車，是以 Bosch-Motronic 為架構的電子噴射系統，保時捷稱為 DME（Digital Motor Electronics），以較專業的說法是 L 電子噴射系統（L-Jetronic），下一節會有詳細的 L 電子噴射系統說明。這個 DME 系統結合個別供油、點火及含氧感知器（銷往美國、日本）成一單獨控制系統。這系統利用引擎所有感知器提供的即時訊息來計算各種駕駛狀況下的正確供油量與最佳點火時間。爾後十年的 911（964／ 1989–1994 年和 993 ／ 1994–1998 年）也都採用這套系統，只有 964 Turbo 還採用機械噴射供油。1984 年同年，保時捷開始生產 Turbo-look 車款（包括渦輪增壓車的外型、剎車、懸吊及輪胎／鋼圈）。1987 年，渦輪增壓 Targa 和 Cabriolet 車款推出。另外，在 1987–1989 年間，保時捷生產傾斜車鼻（Slant-nose）的渦輪增壓車款，傾斜的車鼻形狀十分受到收藏家喜愛。新的五速變速 G50 也在 1987 年推出取代四速變速 915，倒檔在 H 的左邊，而第五檔在 H 的右邊。

↑ 圖3-23　**Porsche 911 Speedster**
編輯圖片作者版權資料：Oleg Golovnev ／ Shutterstock.com

↓ 圖3-24　**Porsche 911 Turbo 3.3 Slant-nose**
編輯圖片作者版權資料：Andy Glenn ／ Shutterstock.com

911 Carrera RSR

1988 年，保時捷推出新款敞篷車 Speedster，只生產 2104 輛
（165 non-Turbo-look the rest Turbo-look），現在被稱為第一代
Speedster。保時捷歷史上只推出三代，而第二代是 1994 年的 964
Speedster、第三代是 2011 年的 997 Speedster。

1974 年，保時捷推出 2.8 Carrera RS 及 3.0 Carrera RSR，延
續之前的 2.7 Carrera RS 及 2.8 Carrera RSR。Carrera 西班牙文為
Race，而 Rennen 德文也為 Race，所以 RS（Race Sport）從此成
為保時捷跑車賽車版。RS 其實有三種版本：（1）M471 RS Sport 是
輕量版；（2）M472 RS Touring 是普及版，許多配備與 911S 類似；
（3）M491 RSR 則是超賽車版。

圖3-25　Porsche 911 Carrera RS
編輯圖片作者版權資料：JazzyGeoff ／ Shutterstock.com

圖3-26　Porsche 911 Carrera RSR
編輯圖片作者版權資料：Gaschwald／Shutterstock.com

圖3-27　Porsche 911 Carrera RSR
編輯圖片作者版權資料：Oleg Golovnev／Shutterstock.com

3.2.2　引擎運作原理

　　上世代的化油器設計，主要是將燃油送至化油器浮筒室中儲存，當節流閥板開啟時，燃油會因文氏管效應而從主油孔讓燃油被吸至空氣流道中。而發展至機械式的噴射系統，為強調精準，則不再由化油器進行供油。K 式噴射系統和化油器最大的不同在於：化油器是利用文氏管定理，空氣流經化油器而將燃油帶出化油器；而 K 氏噴射系統雖然同樣需要靠空氣流量的大小進行噴油，然而它屬於一種液壓結構，空氣進入歧管後，推動空氣流量板，空氣流量板會將燃油分配器中間的栓塞往上抬，使燃油通過。空氣流量大則栓塞往上抬較高，燃油通道就會變大使更多油送至噴油嘴，是一種機械式運作。

　　K 式噴射系統（圖 3–28）的工作流程可分為二，分別是油路與空氣。首先是油路，燃油幫浦會將油箱內的燃料提出，經汽油濾清器後

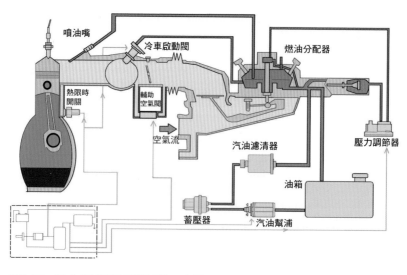

圖3-28　K式噴射系統引擎結構示意圖

分配到燃油分配器內,再視情況分配至各輔助元件。接著,空氣(圖 3-28 中藍色箭頭)進入氣歧管後將經過空氣流量板,其流量多(寡)將牽動燃油分配器內的栓塞上升程度高(低),栓塞上升程度高(低)又決定燃油通道大(小),以此讓燃油分配器分配適當的燃油流量多(寡)。而後,燃油噴出,與歧管內的空氣混合成油氣。

當踩下油門時,節氣門大開,吸入的空氣量會很大,使得流量板升至最高,大量的汽油被送至噴射器中,以供給引擎的負荷。對於燃油分配器而言,當空氣流量大,空氣板就會推開燃油分配器內的栓塞開始噴油。反之,怠速狀態時空氣流量小,使流量板些微上升,讓少量的汽油流到噴油器中。

（1）K式噴射系統優點：結構簡單、成本低廉、易於檢修、性能穩定、可靠性高。

（2）K式噴射系統缺點：操縱靈敏度與精確性差(但比化油器好)。

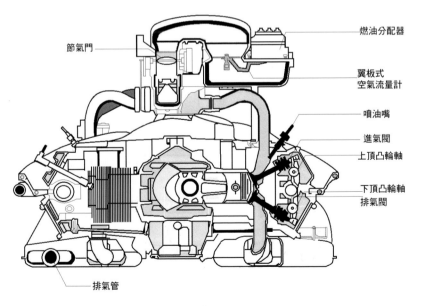

節氣門

燃油分配器

翼板式
空氣流量計

噴油嘴

進氣閥

上頂凸輪軸

下頂凸輪軸
排氣閥

排氣管

圖3-29　保時捷K式噴射系統引擎結構正面視圖

保時捷開始在第二代 911 的後期 3.2 使用電腦噴射，並且在第三代 911 中，除了 Turbo 款外，全都使用電腦噴射。請參考表 3–3，只有較細線的框代表 Turbo 款，仍是使用 K 式機械噴射（燃油分配器）。本節將探討電子噴射系統運作原理及相關零件。

表 3-3　第三代 911 車款

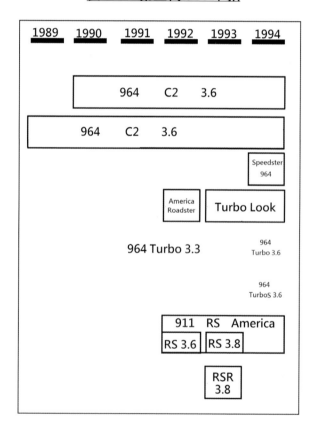

3.3.1 車型演進

964 C4

第三代 911 又稱 964，是近年最熱門的保時捷老爺車之一，這幾年來展現極強的升值能力，是 911 車系承先啟後的代表型號。964 是廠方內部採用的編號，代表 1989 年至 1994 年間生產的 911。保時捷起初針對下一代 911（964）設計原本有三個方向：第一個方向為保留 Carrera 3.2 架構，但將其設計成四輪驅動版；第二個方向為將 Carrera 3.2 小美容，並提供後輪與四輪驅動兩款；第三個方向則為重新設計新車身，使得此車身也具有底盤功用。由於當時保時捷財務狀況良好且德元對美元強勢，因此決定採用第三方向。964 有很大部分是以手工製造，所以生產成本十分高，但因擁有相當高質素的工藝，加上全車鍍鋅防鏽處理，即使在二十多年後的今天，依然沒有生鏽的問題出現。

這代全新 911 有一項近乎革命性的特色，便是於 1989 年率先推出全輪驅動的 Carrera 4 車型，因為廠方希望讓 911 有更佳的駕乘素質，並改善後置引擎後輪驅動重心偏於後軸的情況。其系統是以保時捷著名的越野賽車型號 959 為基礎發展而成，配備電子控制中及後差速的 PDAS 系統，能有效防止車輛出現打滑的情況，成為當年量產跑車當中最先進的四驅系統，最大馬力輸出 250 匹，0 至 100 公里／小時加速只需 5.5 秒。

圖3-30　Porsche 964 C4

圖3-31　Porsche 964 C4

964 C2

而後輪驅動的 Carrera 2 車型則是晚了六個月上市，即 1990 年，當時亦同時推出硬頂雙門 Coupé、敞篷 Cabriolet 與 Targa 等衍生型號。保時捷更將原本用於 Carrera 4 的單片式飛輪結構改為雙片式設計，並應用到 Carrera 2 上，與 G50 五速手動變速配合使用，還提供配備 A50 四速 Tiptronic 自動變速箱版本供選擇。但 Carrera 4 卻清一色配手動變速。

保時捷公司在設計第三代 911 時，因有 80％的零件重新設計而嚴重超過預算，我將其重要的新設計分為下列三個類型：外觀、性能與操控性。外觀上，包含新設計的空氣力學造型的聚酯保險桿（請見圖 3-32）、車鼻下方加裝擋板將空氣阻力係數由 0.395 降至 0.32（當時第一是福特 Scrpio 0.29 與奧迪 100 0.30）、自動升降隱藏式後擾流板（請見圖 3-31，當速度達 50 mph 會自動升起，低速時則降低隱藏於引擎艙蓋內）及大象耳照後鏡（可電子式調整與加熱，請見圖 3-32 與圖 3-30）。

圖3-32　Porsche 964 C2
編輯圖片作者版權資料：Art Konovalov ／ Shutterstock.com

964 Targa

性能上搭載的氣冷式 3.6 公升水平對臥引擎（是以保時捷著名的賽車 GT1 所配備的引擎，為藍本設計而成的），此時已經可以輸出 250 匹馬力。採用單缸雙火星塞點火，增加燃燒效率以符合日益嚴格的加州廢氣排放標準，Tiptronic 自動變速取代 Sportomatic（使用於 1969–1989 年）。操控性上也提升舒適度表現來吸引顧客，包含動力方向盤與 ABS 防鎖死剎車系統，皆首次出現於 911 上，並列為標準配備。在 964 推出之前，911 的底盤設計都沒有改變過，保時捷在這方面十分堅持，若沒有百分百證明新設計比舊的好，是不會輕易改變的。而 964 的懸掛設計就有重大的改變，正式棄用從 60 年代就開始使用的扭力桿式前懸掛，以獨立支柱式（麥花臣支柱式）替代。其採用全新設計的輕量化鋁合金控制臂與圈簧，較扭力桿懸載設計更為現代、先進。後懸掛則採用半拖曳臂式，配備輕量化鋁合金連桿及圈形彈簧。將指揮燈及霧燈收到泵把之內以減低風阻，泵把棄用黑膠及風琴式設計，於車內設置雙安全氣袋，新的空調系統提供冷暖氣。控制台則配有一組更齊全的警示燈系統，若有任何機件上的問題都會立即提醒車主。

圖3-33　Porsche 964 Targa

圖3-34　Porsche 964 Targa

964 Speedster

其後更推出同樣配備 M64 引擎，但汽缸口徑增加 2mm 的 3.8 公升終極版本，此型號最大馬力提升至 300 匹，並以一身寬車體（Turbo-look）外觀示人，而 3.8 公升引擎更應用到 3.8 RSR 型號上。到了 1993 年，特別車款有 Turbo-look Cabriolet、C4 Turbolook（1993–1994 年）與 Carrera 2 Speedster（如今是特別受到收藏家鍾情的經典車款）。911 車系中的 Speedster 在保時捷歷史上只推出三代，上次是 1989 年的第一代 930 Speedster，而這是第二代的 964 Speedster，至於第三代則要等到 2011 年的 997 Speedster。Carrera 2 Speedster 雖在 1993 年推出，但被視為 1994 年款式，它採用窄車體（Normal Body），不同於之前 1989 年 Speedster 的寬車體（Turbo-look Body）。

圖3-35　Porsche 964 Speedster

編輯圖片作者版權資料：Sergey Kohl／Shutterstock.com

964 Turbo 3.3

　　同時，964 Turbo 3.3 車型在 1991–1992 年推出，以接替上一代的 911 Turbo（930），沿用了 3.3 公升的 930 引擎重新調校，提升馬力也使輸出更加平順。1994 年 Turbo 3.6 車型（俗稱 965）以成熟的 3.3 公升水平對臥引擎（320 匹）為基礎，升級至更強勁的 3.6公升引擎與 360 匹最大馬力。最後推出 88 台最大馬力 385 匹的 911 Turbo 3.6S（基本型及 Slant-nose）。964 Turbo S 車身是有開孔，而 964 Turbo 則無（請見圖 3–37 及圖 3–38），但到了 996 之後，Turbo 及 Turbo S 車身就都有開孔。保時捷也再推出 55 台街道版 RS 3.8 及賽車版 RSR 3.8。

圖3-36　964 Turbo 3.3

編輯圖片作者版權資料：NaughtyNut ╱ Shutterstock.com

圖3-37 964 Turbo 3.3

編輯圖片作者版權資料：DDCoral ／ Shutterstock.com

圖3-38 964 Turbo 3.6

964 RS

964 在 1992 年共推出三種特別車款：第一款是 American Roaster（Turbo-look Cabriolet for US），是寬車體的敞篷車；第二款是 911 Carrera RS，分有基本版（或稱輕量版，比巡航版輕一成）和巡航版（Touring），但不在美國推出；第三款則是 911 RS America，在美國於 1992–1994 年推出，共售出 701 台。Carrera RS 是輕量化高性能版本，是以 Carrera Cup 賽車作為藍本製造，引擎輸出提升 10 匹至 260 匹，配備輕飛輪，G50 ／ 10 波箱調校至更密的齒輪比，配備 LSD 限滑差速，採用降低達 40mm 的賽車化避震套件，包括加硬的彈簧、吸震筒及可調校式的防傾桿。車廂方面，省略了電動窗、後座、空調、定速巡航系統及隔音等，改用賽車化前桶座、薄車窗玻璃，結果讓 RS 版減少了 155kg。

圖3-39　964 RS
編輯圖片作者版權資料：Rodrigo Garrido ／ Shutterstock.com

圖3-40　964 RSR
編輯圖片作者版權資料：Rodrigo Garrido ／ Shutterstock.com

3.3.2 引擎運作原理

有別於 Bosche 開發的機械噴射系統，電子噴射系統一開始是由 Bendix 公司所發表，該公司於市場上擅長將不同領域的東西（舉凡收音機、電視、電腦）結合到機械產品當中，而 Bendix ElectrojectorSystem 就是其中的產品之一。可惜的是當時電子元件非常昂貴，因此 Bendix 電控噴射系統對消費者而言負擔不易，導致車款銷售連帶受到影響，而後被 Bosche 公司所買下。其經改良後製成以 Bosch-Motronic 為架構的電子噴射系統，保時捷稱為 DME（Digital MotorElectronics），以較專業的說法是 L 電子噴射系統（L-Jetronic）。以下將此改良分為三個部分：

（1）電腦控制：電子控制單元（Electronic Control Unit，ECU）開始扮演十分重要的角色。以供油而言，翼板式空氣感知器計算空氣流量的多寡，再將資訊回報給 ECU。ECU（圖 3–41 左下方）根據引擎運轉狀況會對噴油嘴下達噴油指令，當引擎需要較多的燃油時，噴油時間就會較長，反之則噴油時間較短，以提供準確空燃比的混和油氣。以點火而言，除了有電晶體點火系統能在高轉速下穩定運作的優點之外，還能利用引擎溫度、凸輪軸位置、節氣門位置、轉速訊號等感測器，計算出最佳的點火時間。

（2）空氣流量板→翼板式空氣感知計：前一代的空氣流量板連動燃油分配器，依據其位移而進行油量的分配。而翼板式空氣感知計（圖 3–41）就是純粹計算空氣流量的多寡，再將資訊回報給中央控制元件。

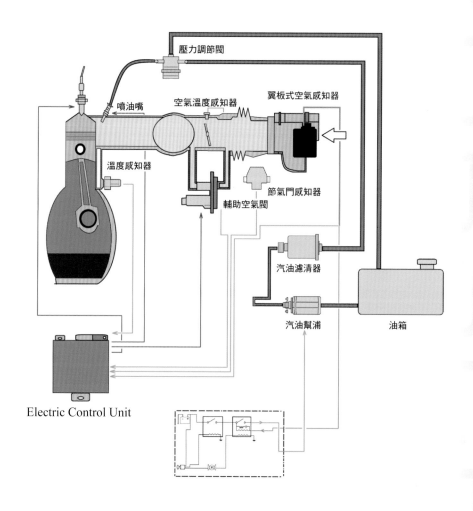

壓力調節閥

噴油嘴

空氣溫度感知器

翼板式空氣感知器

溫度感知器

節氣門感知器

輔助空氣閥

汽油濾清器

汽油幫浦

油箱

Electric Control Unit

圖3-41 964電子噴射系統引擎結構示意圖

（3）燃油分配器→壓力調節閥及噴油嘴：於前一代的保時捷 930
中，油的供給多寡與空氣進氣量連動，進氣量牽動連桿，使
得燃油分配器進行油的分配。而進入到 930 後期（Carrera
3.2），是先由壓力調節閥控制燃油壓力，再由 ECU 根據引
擎運轉狀況對噴油嘴下達噴油指令（圖 3–42）。此外，因為
取消了冷車啟動閥（讀者可看到之前圖 3–28 的冷車啟動閥，
已不在圖 3–41 中出現），冷車啟動機制變為當引擎溫度低
於正常工作溫度時，由 ECU 控制的主噴油嘴噴油量會增加。

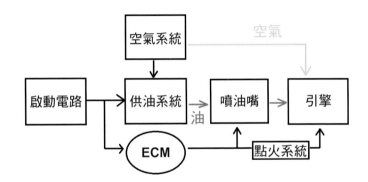

圖3-42　964電子噴射系統引擎運作簡圖

　　進入到 964 後，911 系列引擎也正式從機械噴射系統改為電子噴
射系統，最明顯的差別莫過於感知器的數量大增。從前面的簡圖與右
方引擎正視圖都不難發現，無論是空氣流量感測器、節氣門感測器、
曲軸位置感測器、溫度感測器、含氧感測器、爆震感測器等新增的元
件，都與前一代有許多不同，而其中的原因，便是電子噴射系統的對
於點火時間計算參數的需求，所造成的明顯差異。

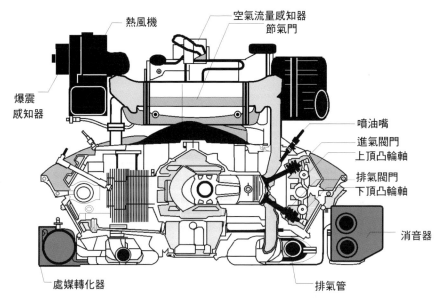

熱風機

空氣流量感知器
節氣門

爆震
感知器

噴油嘴

進氣閥門
上頂凸輪軸

排氣閥門
下頂凸輪軸

消音器

處媒轉化器

排氣管

圖3-43　964電子噴射系統引擎結構正面視圖

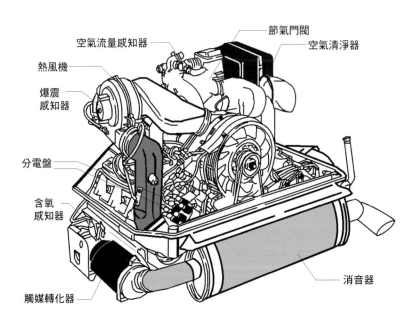

空氣流量感知器

節氣門閥

空氣清淨器

熱風機

爆震
感知器

分電盤

含氧
感知器

觸媒轉化器

消音器

圖3-44　964電子噴射系統引擎結構立體圖

L-Jetronic 主要是翼板式的空氣流量感知器，以吸入的空氣來推動翼板，使其產生不同的電壓訊號，並將此訊號送至電腦，作為控制噴射量的依據。其作動方式是在翼板的迴轉軸上裝有螺旋狀的回動彈簧，當引擎運轉時，翼板會停止在吸入空氣後開啟的力量與回彈簧力相互平衡的位置，而同軸轉動電位計則將翼板打開的角度轉換成電壓比例送給 ECU，即可知道此時的空氣流量。但是翼板式的缺點：容易產生振動誤差及機械磨損，且電位計是採接觸式的設計，使用過久常有接觸不良的問題，且體積大非常占空間。

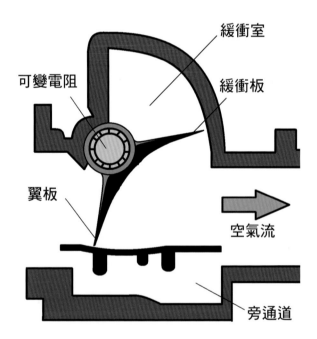

圖3-45　翼板式的空氣流量感知器結構圖

3.4 第四代911

993 基本上承襲 964 的 L-Jetronic 電子噴射系統。主要使用熱線式空氣流量計取代翼板式空氣流量計，也稱為 LH-Jetronic 電子噴射系統。

表 3-4　第四代 911 車款

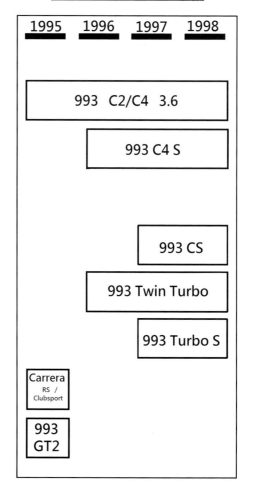

1995	1996	1997	1998
993　C2/C4　3.6			
	993 C4 S		
		993 CS	
	993 Twin Turbo		
		993 Turbo S	
Carrera RS / Clubsport			
993 GT2			

3.4.1 車型演進

993 有 30％零件重新設計，分為下列三個部分：性能、外觀與操控性。性能上搭載的氣冷式 3.6 公升水平對臥引擎，此時已經可以輸出 270 匹馬力。引擎首次採用免維修 Haudraulic valve lifter。更新引擎管理系統及使用更準確的熱線式空氣流量計取代翼版式空氣流量計，再加上新的雙排氣系統（three-into two exhaust system，自 1975 年來首次重大改變），廢氣最後進入兩個觸媒轉換器和兩個消音器排出。這些改變使引擎在不增加重量的情況下，產生更多馬力及扭力，並且有更好的廢氣排放表現及油耗表現。外觀上，除了結合經典與現代的新外型，亦保留了自動升降隱藏式後擾流板（當速度達 50 mph 自動升起，低速時會降低並隱藏於引擎艙蓋之內），而第三剎車燈設計在引擎蓋上的把手中，此把手因酷似野餐籃提把而出名。此外，也首次使用橢圓球形投射型車燈，並重新設計雨刷以覆蓋更多的擋風玻璃區域。操控性上，以全新五連桿後懸吊代替之前的拖曳臂後懸吊，提供更好的乘坐品質、操控品質與安靜性，而前懸吊也據此重新設計。993 使用六速版本的 G-50 手動傳動及改良的 Tiptronic 自動傳動。

993

第四代 911 俗稱 993，是近年最熱門的保時捷老爺車之一，近年來展現極強的升值能力，它是 911 車系承先啟後的型號。1993 年秋天，保時捷推出 993 並稱之為「The New 911 Carrera」，當成 1994 年的車型開始在歐洲販賣。1994 年，進入美國市場當成 1995 年的車型，並宣稱 993 擁有超過 30％的新設計，且售價將更為便宜

圖3-46　993

編輯圖片作者版權資料：Sergey Kohl ／ Shutterstock.com

（964 C2 售價為 \$64,990 ／ 993 C2 售價為 \$59,900）。相較之下，964 雖擁有超過 80％的新設計並具革命性，但大多設計重點都在於車身內部，如引擎、懸吊等，且外觀與老 911 相去不大。而 993 的新外型設計不但掌握老 911 的可辨識性，也呈現了 911 歷史以來最現代化的改變。

993 C2

1994 年，保時捷在美國推出 1995 型的 993 後輪驅動 Carrera 2（硬頂雙門 Coupé、敞篷 Cabriolet），並在 1995 年推出全輪驅動的 Carrera 4 車型（硬頂雙門 Coupé、敞篷 Cabriolet）。

圖3-47　993 C2

編輯圖片作者版權資料：soulofbeach／Shutterstock.com

993 Coupe

圖3-48　993 C2

編輯圖片作者版權資料：soulofbeach／Shutterstock.com

993 RS

1995 年，保時捷只在歐洲推出 Carrera RS 及 RS Clubsport，採用 3.8 公升引擎輸出 300 匹馬力。它們擁有前衛的前擾流板及較大的固定尾翼（請見圖 3–50）以表達競賽風格，RS Clubsport 甚至擁有雙層固定尾翼。並在 1995 年的賽車季節，保時捷推出了 993 渦輪增壓 GT 2，分為 430 匹馬力街道版及 450 匹馬力賽車版，皆是為了參加利曼 GT 2 級（Le Mans GT 2 Class）的比賽所設計。此後保時捷便持續推出 GT 2 車款一直至 2012 年。

圖3-49　993 RS

圖3-50　993 RS

993 Twin Turbo

1996 年的 993 Twin Turbo 是首款使用電腦噴射引擎（Motronic Engine Management）的 Turbo，也是自 1978 年 Turbo 3.3 裝上中間冷卻器（Intercooler）以來最重大的 Turbo 科技改進。這個新引擎管理系統和雙渦輪，大幅改善性能（408 匹馬力）及油門反應。993 Turbo 基於 993 C4 平台，採用四輪驅動及六速手動傳動，保時捷將它稱之為「可以每天開的超級跑車」。

圖3-51　993 Twin Turbo
編輯圖片作者版權資料：yousang ／ Shutterstock.com

圖3-52　993 Twin Turbo
編輯圖片作者版權資料：yousang ／ Shutterstock.com

993 C4S

同年，993 Targa 和 993 Carrera 4S 也推出。993 Targa 和傳統的 Targa 非常不同，也許該另取一個名字。它是採用敞篷車型加上中間可滑動的玻璃天窗，擁有整片的玻璃車頂。993 C4S 是具有 Turbo 外表的 Coupe（如同之前 C4 Turbo-look 964），採用和 Turbo 一樣的剎車、四輪驅動、輪框／輪胎、懸吊系統及所有外觀特質，但保留自動升降隱藏式後擾流板，且較不同的是，Turbo 為固定型尾翼。993 在 1996 年開始採用 Varioram Induction System，提高中轉速力矩 18％，並將最高馬力由 270 提升至 282 匹馬力。這個設計甚至使 993 引擎的 78.3 單位公升馬力數，超過 2.7 Carrera RS 的 77.8 單位公升馬力數。

1997 年，993 Carrera S 與 993 Twin Turbo S 推出。如同 993 C4S，993 Carrera S 是具有 Turbo 外表的 Coupe，但不同的是它是後輪驅動。993 Carrera S 的後擾流板上隔板分為左右兩半（請見圖 3–55），十分具有特色。在 1997–1998 年期間，共推出 4694 輛，目前為收藏家競相追逐的車款之一。

圖3-53　993 C4S

圖3-54　993 C4S

圖3-55　993 CS

3.4.2　引擎運作原理

　　993 基本上承襲 964 的電子噴射系統（L-Jetronic）。主要改良在進氣系統中，使用熱線式空氣流量計（圖 3–56）取代翼板式空氣流量計，並且採用 Varioram Induction System 來改變進氣管的有效長度以提高引擎效率（圖 3–57）。再加上新的排氣系統，不同於 964 之前六缸廢氣由單一觸媒轉換器和一個消音器排出，993 廢氣則每邊三缸進入一個觸媒轉換器和一個消音器排出，共使用兩個觸媒轉換器和兩個消音器排出。此外，承襲 964 優良的懸吊系統，改良後之 993 車款被譽為整個系列控制性最佳的作品。

　　以下分為四個部分：

（1）**空氣流量板：**在 1981 年，Bosch 研發出了 LH-jetronic，與原先 L-Jetronic 最大的不同特色為使用熱線式空氣流量計取代翼板式空氣流量計。在判讀空氣流量上，熱線式比起翼板式能有更好的表現，可以直接檢測空氣流量，且進氣阻力小，反應速度也快上許多。

（2）**Varioram Induction System：**993 在 1996 年開始採用 Varioram Induction System，提高中轉速力矩 18％，並將最高馬力由 270 提升至 282 匹馬力。

（3）**再加上新的雙排氣系統（Three-into Two Exhaust System）：**自 1975 年首次重大改變，廢氣最後進入兩個觸媒轉換器和兩個消音器排出。

（4）**懸吊系統：**保時捷 911 系列中，993 車款被譽為整個系列中控制性最佳的作品，其控制性與穩定度幾乎是全系列最

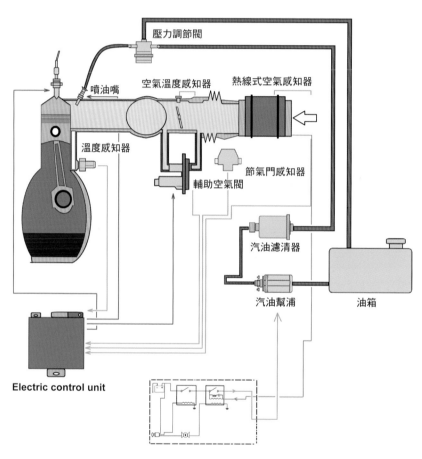

壓力調節閥

噴油嘴　　空氣溫度感知器　　熱線式空氣感知器

溫度感知器

輔助空氣閥　　節氣門感知器

汽油濾清器

汽油幫浦　　油箱

Electric control unit

圖3-56　993電子噴射系統引擎結構示意圖

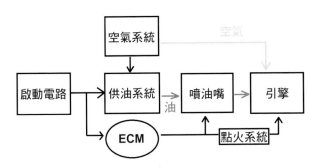

圖3-57　993電子噴射系統引擎圖運作簡圖

　　登峰造極之作，本文將詳述並分析 911 系列各車款的系統與機構配置，藉以說明 993 車款其優勢為何。

　　新的雙排氣系統（three-into two exhaust system，自 1975 年首次重大改變），廢氣最後進入兩個觸媒轉換器和兩個消音器排出。由圖 3–58 中，讀者可清楚看到引擎的底部左右各有一組排氣管。而在 964 的引擎結構正面視圖中（圖 3–43），則只能看到一組排氣管。這也是為什麼 993 Turbo 常被稱為雙渦輪（Twin Turbo），因為左右各有一組排氣管可以各帶動一個渦輪，共使用兩個渦輪。之後 996 Turbo 及 997 Turbo 也採此排氣系統，也可稱雙渦輪；但 964 Turbo 及 930 Turbo 因只使用一個渦輪，故不能稱為雙渦輪。

　　熱線式空氣流量計內含熱線與冷線兩條金屬進行感測。熱線是用來量測空氣質量流率的，它的工作原理與一般市面上的熱線式感應器一樣。其原理為，當熱線被空氣冷卻時，為了維持固定溫度，會加大電流以增加發熱功率。所以，當空氣流量愈大，帶走的熱就愈多，這時候為了維持固定溫度，電流需求就愈大，流量計內的可控電阻便會降低，以提升電流大小。

由上可知，熱線是依據電流量的變化來得知空氣的「質量」流率。引擎在計算空燃比時，是以「質量」來運算，而熱線式流量計正是感測空氣的「質量」流率，其餘的感知器則是感測「壓力差」或「體積」流率（翼板式空氣流量計），由於要換算成「質量」必須根據當時的空氣壓力及溫度，所以準確性一定沒有熱線式來得好。

VarioRAM 是保時捷的一項特殊專利，最早出現於 1992 年保時捷的 964 系列車款。顧名思義，VarioRAM 是根據發動機負載和速度來改變進氣閥門的數量。在低轉速時，空氣通過節氣門後，只能由左側的進氣管道匯流進空氣室，而後再分流至進氣歧管。反之，當高轉速時，VarioRAM 則會開啟其他可控閥門，空氣進氣時可以從右側及左側通道進入，此時通道數增加，空氣可以更快速地進入空氣室，而後再分流至進氣歧管。

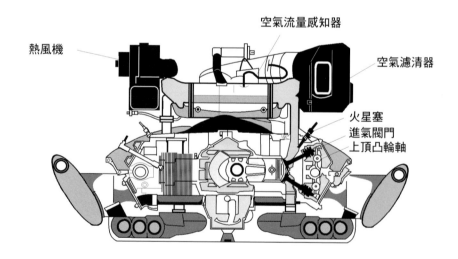

圖3-58　993電子噴射系統引擎結構正面視圖

　　911 第五代 996 帶領 911 車系邁入一個嶄新的里程碑，開發了全新的水冷式引擎並加入每缸四氣門的技術。911 車系自 1963 年推出時，其主要的特色就是氣冷式引擎，因為受到更嚴格的法令要求以及噪音管制法規等限制，讓保時捷也只好從善如流。

<u>表 3-5　第五代 911 車款</u>

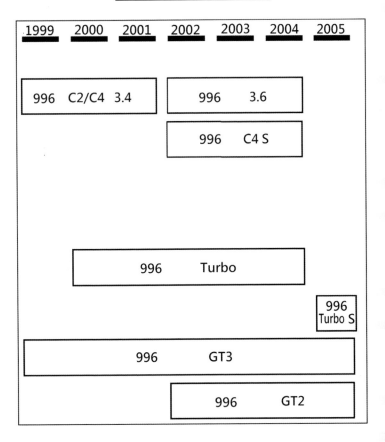

3.5.1 車型演進

996 MK1

1999 年車型的 911 第五代 996，堪稱帶領 Porsche 911 車系邁入一個嶄新的里程碑，因為 911 車系自 1963 年推出時，其一主要特色便是使用所謂的氣冷式引擎。然而，受到因科技的進步而更為嚴格的法令要求以及噪音管制法規等限制，讓保時捷也不得不為第五代 911 開發全新的水冷式引擎，並加入每缸四氣門的技術。其他主要的變化包括更加時尚的車身外觀、更傾斜的擋風玻璃及重新設計的內裝。

圖3-59　996 Mk1

圖3-60　996 Mk1

車屁股的 S 應是車友自行貼上，因為 996 並沒有生產 CS（請參考表 3–5）。

996 MK2

在 996 車系登場的時刻，正是保時捷面臨全新局勢的關鍵。當時旗下除了 911 一款產品獨撐大局外，其餘的車款都已經邁入產品生命週期的末端。換句話說，保時捷對於 911 可是非常寄予厚望。可惜的是，保時捷為了節省研發費用，因而採取與 Boxster 類似的設計。車頭部分（圖 3-59）使用完全相同的結構、相同的前懸吊系統、幾乎一致的內裝。引擎甚至是由 Boxster 的引擎放大而來，僅在採用 993 多連桿後懸吊系統的部分與 Boxster 有些許不同。

值得一提的是，996 世代的 911，可說是唯一一代在頭燈設計上未採用「圓形」手法的 911。儘管當時保時捷原廠認為這樣的作法是取自於 Panamericana 概念車的靈感，但或許因造型上確實沒有太好

圖3-61　996 Mk2
編輯圖片作者版權資料：Sergey Kohl ／ Shutterstock.com

的美感，同時又與 Boxtser 的造型完全相同，所以始終受到車迷與玩家們的批評。所幸，保時捷原廠在 2000 年追加 Turbo 車型後，進一步將頭燈的設計進行巧妙性的修改，果然大幅提升了 911 在視覺上的「順眼」程度。所以在 2001 年 911 車系進行小改款的動作時，將全車系的頭燈設計一律改用與 Turbo 相同的設計，也就此形成了 911 與 Boxster 在車頭外觀上徹底的差異。

另外，在 996 車系的發展過程中，幾乎每一款衍生版本新車的登場，都為 911 車系寫下了新的歷史。例如 Targa 車型，除了秉持從 993 車系以來的全景玻璃天窗車頂外，同時為了加強其實用性，還破天慌加入了「掀背」的後窗設計，讓置放物品的方便性大增，而這樣的設計也延續到了 997 車系上。

996 C4S

996 在初期也是同時推出後輪驅動的 Coupe 和 Cabriolet，其後則有四輪驅動的傳動配置。初期的 3.4 公升水平對臥六缸引擎，可提供 296 匹馬力輸出；在 2000–2001 年，則提升至 300 匹馬力而扭力維持不變。由於有許多車主大聲抱怨便宜的入門跑車 Boxster 和他們的 996 長得一模一樣，因此於 2002 年改變了 996 的車頭燈設計（圖 3–61），採用和 996 Turbo 車型（圖 3–66）一樣的設計款式，並改用 3.6 公升引擎輸出 315 匹馬力，及使用 Variocam Plus（非早期 996 的 Variocam）設計以改善動力輸出。這些 996 3.6 也常被稱為第二代 996（996 Mk2）。此外，2002 年推出了 996 Carrera 4S，有寬車身 Turbo 車型外觀及 Turbo 剎車和懸吊。

圖3-62　996 C4S

圖3-63　996 C4S

圖3-64　996 C4S

996 Turbo

　　而 Turbo 車型則在 2000 年時登場。配備 3.6 公升引擎,在雙渦輪增壓輔助之下,最大馬力達到 415 匹馬力的水準,相較於 993 時代的 408 匹馬力,有微幅調升的局面,而從靜止加速至 100 公里／小時的時間僅需 4.2 秒,可選擇六速手排或五速 Tiptronic 手自排。Turbo 車型也使用 Variocam Plus 及穩定性管理,後擾流板會在時速 122 公里／小時時自動升起,在時速 58 公里／小時時降下。在 2002 年,Turbo 車型推出了 X50 選項(包括更大的 K24 渦輪、中間冷卻器、修正後車用電腦及排氣),輸出驚人的 450 匹馬力。而後在 2005 年追加具有 450 匹馬力的 Turbo S 車型,它基本上有 X50 選項 Turbo 車型,再加上陶瓷剎車、六片 CD 換片機及鋁面儀表板。

圖3-65　996 Turbo
編輯圖片作者版權資料:Max Earey／Shutterstock.com

圖3-66　996 Turbo
編輯圖片作者版權資料:Max Earey／Shutterstock.com

996 GT2 & GT3

　而為了進一步投入 GT 賽事的經營，保時捷從 996 世代開始推出所謂的 GT3 與 GT2 的競技版本，而這些車輛的設定也正是專責對應於 GT3 與 GT2 的賽事所需，一律採用排氣量為 3600c.c. 的 3.6 公升水平對臥引擎。但 GT3 採用自然進氣的設定，而 GT2 則是渦輪增壓的配置，為了對應於賽事的需求，GT2 與 GT3 都僅有後輪驅動的配置以彰顯其競技需求的考量。GT3 以 996 Carrera 為基礎製造，並為了減重取下許多設備，改為可調式懸吊、升級剎車，並使用四輪驅動版本車殼。GT3 有 1999 年的第一代 Mk. I GT3（360hp）及 2002 年第一代 Mk. II GT3（380hp）。GT2 使用空氣動力學車身套件以降低風阻，996 渦輪增壓引擎重新調教版本、更大的渦輪增壓器和中冷器、修改後的進氣和排氣系統，並重新編程的引擎控制軟件。GT2 能產生 490 匹馬力，並在 3.9 秒內由時速 0 跑至 100 公里／小時。

圖3-67　　996 GT3
編輯圖片作者版權資料：sippakorn／Shutterstock.com

圖3-68　　996 GT2
編輯圖片作者版權資料：Adam Cowell／Shutterstock.com

3.5.2　引擎運作原理

　　Porsche 911 系列自 993 進展至 996 後，與 911 系列前幾代最大的差別，莫過於 996 所採用的水冷式冷卻系統大幅提高散熱效果，以配合馬力不斷增加的需求及更嚴格的廢氣排放要求。引擎噴射系統亦由 L-Jetronic 改為電子噴射系統 Montronic，而其他部分也隨著引擎系統而陸續調整。Motronic 系統是將點火和燃料兩系統合併，由一組數位式微處理機（即電腦）來控制。電腦內已儲存了引擎在各種運轉狀況下的噴射量，及在各轉速、負荷、節氣門位置與噴射量為基礎的最佳點火時期。車輛行駛中，各感知器會將所偵測到的訊號送回電腦，與電腦內已儲存的噴射量及點火時期模式相比對，處理後，控制引擎再做出最佳的點火和最適當的噴油。

　　主要分為四點不同：

（1）氣冷式引擎→水冷式引擎：對於引擎的冷卻系統，保時捷 996 不同於以往的 911 系列利用空氣經引擎排熱，而改採用水箱內的水進行排熱，詳細說明如後。

（2）Motronic 電腦系統：Motronic 與 L-jetronic 最大的差異，是在於 L-jetronic 的點火和燃料兩系統是獨立的，而 Motronic 系統則是將點火和燃料兩系統合併。

（3）取消了冷車啟動閥（圖 3–69 中取消了圖 3–28 中的冷車啟動閥），用引擎溫度為依據，來控制主噴油嘴的噴油。

（4）取消了傳統分電盤的配置，使得每個汽缸都有獨立點火的火星塞，再根據電腦回傳的信號來控制點火時間。優點為能穩定控制怠速、改善冷車不易啟動的問題、以及採用含

氧感測器與觸媒轉換器來降低排氣的汙染量。

　　與 911 系列前幾代最大的差別，莫過於 996 所採用的水冷式冷卻系統，從右方引擎側視圖便可發現，水幫浦此原件在 911 上第一次出現。

　　引擎動力的產生，是壓縮爆炸後的熱能轉化成機械能而來，通常在這個轉換的過程中，最好的狀態也只有 1 ／ 3 能量可變為有效的動

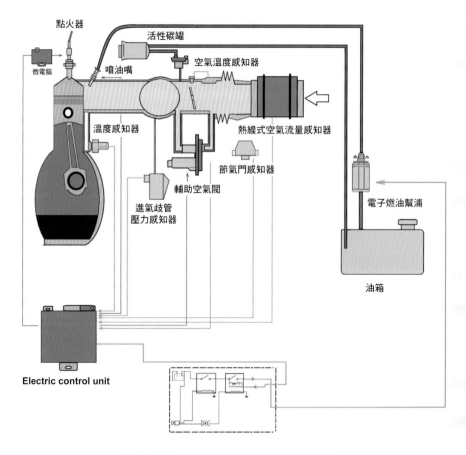

圖3-69　996電子噴射系統引擎結構示意圖

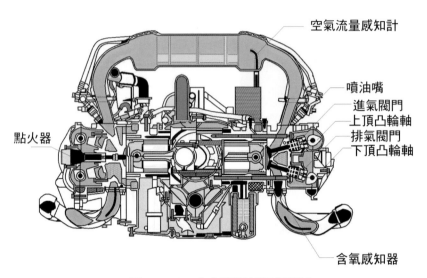

空氣流量感知計

噴油嘴
進氣閥門
上頂凸輪軸
排氣閥門
下頂凸輪軸

點火器

含氧感知器

圖3-70　996水冷引擎結構正面視圖

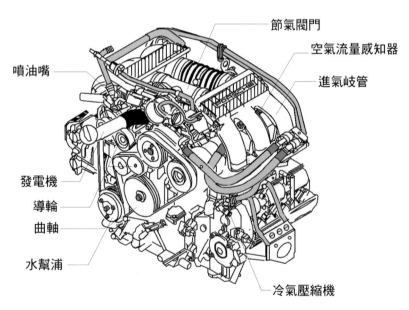

節氣閥門

空氣流量感知器

進氣岐管

噴油嘴

發電機

導輪

曲軸

水幫浦

冷氣壓縮機

圖3-71　996水冷引擎結構側視圖

力輸出，其餘 2 ／ 3 則是剩餘熱量，等待排除。如果這時不馬上有效率地散發此熱量，待其累積至相當程度之後，勢必會造成汽油預燃爆震、破壞機油油膜喪失潤滑性、活塞等機件過度膨脹阻礙運轉等不良現象，這樣一來，輕則減損馬力，嚴重時還有可能損傷到汽缸週圍零件，因此高溫乃是引擎的最大敵人。早期引擎散熱是藉由外在空氣的引入，經引擎後散熱排出風，藉此讓外在溫度冷卻引擎內部高溫，我們稱此為氣冷式引擎（圖 3–72）。

　　水冷引擎設計來看（圖 3–73），其散熱過程首先是由和機件相接觸的機油吸收熱量，然後再藉著水循環帶出以達成冷卻與安定油溫的目的，所以進行整體溫度的降低，基本面就是要從水冷的部分下手。水冷系統的作動，大致是從正時皮帶或外加皮帶驅動水泵浦，使冷卻水能在汽缸的水套內流動帶走高溫（小循環）；接著當水溫高到一定程度時，位在引擎進水口，俗稱水龜的節溫器即會打開，從下水管引入經水箱散熱後的冷卻進水行大循環動作；此刻假使溫度仍然高居不下，水箱風扇將同時運轉以強制散熱。

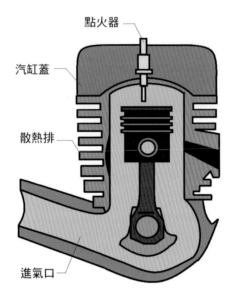

點火器

汽缸蓋

散熱排

進氣口

圖3-72　氣冷式引擎散熱過程

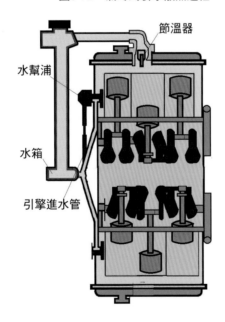

節溫器

水幫浦

水箱

引擎進水管

圖3-73　水冷式引擎散熱過程

997 基本分為採用 996 引擎架構，生產於 2004–2008 年間的第一代（997.1 或 Mk1），和採用引擎缸內直噴及新的雙 PDK 保時捷雙離合器（Porsche Doppelkupplung），生產於 2009–2013 年間的第二代（997.2 或 Mk2）。

表 3-6　第六代 911 車款

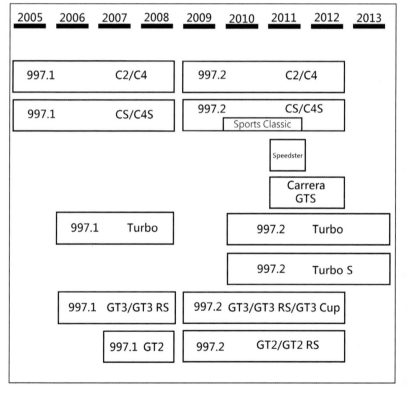

3.6.1 車型演進

997 C2

在眾多消費者對 996 車頭燈形狀的強力抱怨下，保時捷終於在 2004 年推出，車頭燈形狀回復相似於 993 的 911 系列第六代—997。而 997 也立刻在二年內銷售十萬台，成了史上最暢銷的 911 系列。

如同 996 有分為 1998–2001 年間的第一代（996.1 或 Mk1）和 2002–2004 年間的第二代（996.2 或 Mk2）。997 也可分為採用先前 996 引擎架構，生產於 2004–2008 年間的第一代（997.1 或 Mk1），和採用引擎缸內直噴及新的雙離合變速器，生產於 2009–2012 年間的第二代（997.2 或 Mk2）。

圖3-74　997 C2
編輯圖片作者版權資料：Art Konovalov ／ Shutterstock.com

圖3-75　997 C2
編輯圖片作者版權資料：Max Earey ／ Shutterstock.com

997 C4S

2004–2008 年間，由於先前 996 C4S 大受歡迎，保時捷決定一開始就推出性能款車型，外觀上分成 997 CS（一般車體）和 997 C4S（寬車體）。保時捷首先在 2004 年推出後輪驅動 Carrera，分為基本款（C2）及性能款（CS），其後則有四輪驅動的傳動配置（C4 及 C4S）。外觀上，997 回復類似 993 之前的橢圓形車頭燈形狀，其他並無重大改變。初期 997 基本款（C2）採用之前 996 引擎架構，可提供有 321 匹馬力輸出。有趣的是，保時捷首次在性能款車上使用不同於基本款的引擎，其 997 CS 和 997 C4S 皆使用新的 3.8 公升引擎，產生 355 匹馬力輸出。看來保時捷是想使性能款車不只有 Turbo 的車型外觀，而能有更接近 Turbo 的馬力。

圖3-76　997 C4S

圖3-77　997 C4S

997 Speedster

2010-2011 年間保時捷推出了許多多年沒有推出的特別車款。首先，受到 1973 年的 Carrera RS 2.7 的啟發，2010 年推出 911 Sport Classic（這是一個限量 250 台的 911 Carrera S 跑車版本）。該引擎升級 Carrera S3.8 公升引擎，利用新開發的共振進氣歧管與 6 真空開關控制襟翼，可產生 402 匹馬力。它包括六速手動變速器，雙穹窿頂 44 毫米更寬的車身後部，PCCB 保時捷陶瓷複合制動系統和運動經典灰色車身。而接著 2011 年推出 Carrera GTS，該車得到了更寬的車身，且採用 911 Sport Classic 的升級 3.8 公升引擎，能產生 408 匹馬力。由取名上看起來，保時捷似乎想以 Carrera S 為基礎，加上 GT 賽車風格而形成 Carrera GTS。最後同年又推出 365 台限量 Speedster，同樣採用 911 Sport Classic 的升級 3.8 公升引擎，產生 408 匹馬力。此為第三代 Speedster，而第一代是 1989 年的 930 Speedster，第二代是 1994 年的 964 Speedster，而期間的 993 及 996 系列則沒有推出 Speedster。

圖3-78　997 Speedster

編輯圖片作者版權資料：Max Earey ╱ Shutterstock.com

997 Turbo

而在 2010–2013 年，997.2 Turbo 獲得了全新 3.8 公升引擎與修訂後的博格華納可變幾何渦輪（VTG）增壓器，能產生 493 匹馬力（997.1 Turbo 僅有 470 匹馬力），0–100 公里／小時加速時間一般為 2.9 秒。997.2 Turbo S 則有一個更高的增壓壓力水平，可多產生 30 匹馬力，0–100 公里／小時加速時間只要 2.6 秒。

真正的 997 Turbo 在 2006 年推出，有一個新的前保險桿和 LED 進氣轉向燈條，能產生 470 匹馬力。該引擎是保時捷首次使用兩個 BorqWarner 可變幾何渦輪（Variable Turbine Geometry）增壓器，利用葉片角度的改變，可在低速降低推力遲滯並在高速防止回壓。2006 年推出的 997 GT3 採用自然進氣的設定及全新的可變進氣系統，能產生 409 匹馬力。997 GT3 RS 還包含了一個完整的防滾架和碳纖維座椅，以添加賽車路線感覺。2007 年保時捷 997 GT2 取代 996 GT2，以 997 Turbo 為架構採用新設計的膨脹進氣歧管、較短的渦輪進氣歧管及一個完整的鈦消音器。997 GT2 是第一家配備了起步控制的保時捷，能產生 523 匹馬力。2009–2012 年，雖然 997 沿用了 996 的引擎架構，是有史以來銷售最好的 911 系列，但保時捷還是在 2008 年進行大改革以求超越自己。重要的改革包括：新引擎採用缸內燃油直接噴射，使用 PDK（保時捷雙離合器變速箱）的七速更換雙離合變速器，重新調校的懸掛，修訂後的前保險槓與較大的空氣進氣口，重新設計的保時捷運動排氣（PSE）及重新設計的 PCM 系統，具有可選觸摸銀幕的硬盤導航和藍牙。997.2 基本款（C2）由第一代的 321 匹馬力輸出，增加至 340 匹馬力輸出。997.2 寬車身款（CS）則由第一代的 355 匹馬力輸出，增加至 380 匹馬力輸出。

↑ 圖3-79　997 Turbo
編輯圖片作者版權資料：Max Earey ／ Shutterstock.com

↓ 圖3-80　997 Turbo
編輯圖片作者版權資料：Max Earey ／ Shutterstock.com

997 GT3

2009 年推出的 997.2 GT3 產生的馬力數，相較於 997.1 GT3 的 409 匹馬力增加至 429 匹馬力。而且此時 GT3 家族加入了許多新成員：GT3 RS 較 GT3 多出 15 匹馬力，有較低的重心和較短的傳輸率，以及升級車體和懸架組件；GT3 Cup 則以 GT3 RS 為基礎，包含了 44 毫米更寬的車身後部，15 毫米較低的前擾流唇，1.70 米尾翼和 LED 尾燈等；最後在 2011 年，保時捷推出終極版 GT3 RS 4.0，配備了 4.0 公升引擎可產生 493 匹馬力，而新推出的 GT2 RS 更能產生驚人的 612 匹馬力。

圖3-81　GT3
編輯圖片作者版權資料：yousang ／ Shutterstock.com

圖3-82　GT3 RS
編輯圖片作者版權資料：Max Earey ／ Shutterstock.com

3.6.2　引擎運作原理

　　缸內直噴引擎（GDI，Gasoline Direct Injection）有別於傳統汽油歧管噴射（PFI，port fuel injection）引擎，缸內直噴顧名思義即為將噴油嘴設置在汽缸內壁，並且使燃油噴入汽缸內與進氣混合。

　　GDI 引擎的燃油從噴嘴噴出後可以分成兩個階段，第一階段由噴嘴的幾何形狀與操作壓力決定燃油噴霧的品質，有品質良好的燃油噴霧才能使 GDI 引擎性能完整地發揮。為了達到粒徑要求，噴油嘴的操作壓力需至少為 4MPa，但是為了在分層燃燒時可以正確運作，其操作壓力應當至 7MPa。操作壓力愈大時，油滴的尺寸就會愈小。而第二階段則是噴霧的穿透過程，此階段的油滴會和周圍空氣交互作用而成為更小的顆粒。於引擎運作時，燃燒室氣體的流動與混合均發生在進氣行程與壓縮行程間。

　　GDI 引擎的運作必須包含，低負載或者怠速情況下的分層貧油燃燒、中等負載時的勻相貧油燃燒、勻相當量全負載模式，與冷啟動模式。在低負載下，引擎以分層貧油燃燒為主，燃料會在壓縮行程的尾巴噴注燃料，進而開始分層燃燒，此時燃料的消耗需求低，同時連帶氮氧化物排放較低。而在轉速較高時，引擎將改使用勻相貧油燃燒，亦即燃燒時，空氣會混合較多的回流廢氣，並且在進氣行程噴入燃油，這代表著空氣與汽油會在點火之前就先充分混合，此刻燃料的消耗依然比較少，且只有較低的未燃碳氫化合物排放。而在高負載高轉速下，引擎操作在勻相當量模式下，汽油與空氣大約達到當量比，此時的操作必須有較高的燃料辛烷值需求。

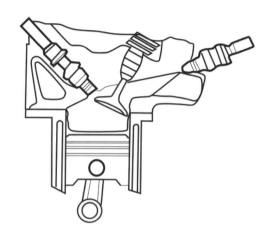

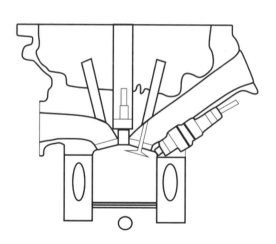

圖3-83　缸內直噴引擎

3.6.3　變速系統演進

（1）自手排變速系統：Sportomatic

　　為了使汽車的操作變得簡單，並讓不擅於操作手動變速箱的駕駛也能輕易駕駛汽車，製造自動變換檔位的變速箱就成為重要的工作。汽車工程師在 1940 年開發出世界首具自動變速箱。無獨有偶，1969年 911 做出了一次顯著改進，所有的 911 軸距由 2211mm 增加到 2268mm，讓 911 的操控感沉穩了一些，還推出了名為 Sportomatic（使用年分：1969–1989 年）的變速系統，其結合了自動變速箱的液體接合器與手動變速箱的變速機構的四檔，形成一個類似手排的變速箱。而此時，駕駛能使用的檔位變為停車檔 P 檔、倒車檔 R 檔、L 檔（亦為一檔）和 D 檔（二、三、四檔）。

　　操作模式上，Sportomatic 其實如同手排車，自手排車駕駛員也需要通過操縱選檔杆來改變檔位，但它並不同於手動變速器的換檔過程，因為 Sportomatic 的換檔過程是由自動變速器自動完成的，不需要再踩離合器。自手排變速箱運作如右圖，引擎動力經液壓結合器傳遞至輸入軸，變速箱內利用油壓推動換檔杆以選擇不同檔位齒輪組，以改變動力在齒輪組的傳送路徑，因而產生多種不同的減速比率，最後再將動力經輸出軸傳遞到差速器而接至後輪。

　　自手排變速箱中非常重要的元件是液壓結合器。於自手排變速箱內，液壓結合器取代了舊有的離合器。其利用液體的傳輸原理而作用，在密封的容器中充入 85 ～ 90％的液油後，引擎運轉時，主動葉輪會隨著飛輪旋轉而一起轉動，葉輪內的液油受旋轉離心力向外作用，結

果使液油沿著葉片的旋轉由內向外飛出，並以一定的角度流到被動葉輪的外側，被動葉輪因受到液油摩擦力的作用而旋轉，這就是液體接合器的作用原理。當被動葉輪的轉速增快時，油壓加在被動葉輪上的力量就會降低。而當主被動葉輪的轉速趨近相同時，則成為直接傳動狀態，液油就不再流動，動力也不再傳輸。因此行駛中的車輛，主動葉輪的轉速一定比被動葉輪的轉速高，引擎動力方能經液體接合器傳到變速箱而至傳動線驅動車輛。若行駛中突然放鬆油門做減速時，引擎的轉速降低，當然主動葉輪的轉速也降低，但是車輛有行駛的慣性，車速不會馬上降低，則成為車輪傳動引擎，這時被動葉輪的轉速會比主動葉輪的轉速高，液油的流動方向就相反，此時引擎對車輛而言，就成為引擎剎車的動力。

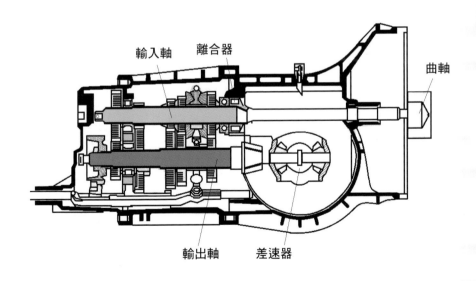

圖3-84　自手排Sportomatic變速系統

（2）自手排變速系統－雙離合器變速箱 PDK

保時捷於 2009 年在量產的 911 Carrera 跑車上發表了雙離合器變速箱，這取代了傳統的 Tiptronic 自動變速箱。PDK 雙離合器自手排變速箱結合了動態駕馭性能，手排變速箱優異的機械效能，以及自排變速箱極佳的換檔與駕乘舒適度。PDK 從一開始就比自排變速箱的換檔速度快 60％。這能在換檔時讓動力持續不斷地傳輸並降低油耗。而只有保時捷的雙離合變速器被稱為 PDK。儘管保時捷早在 1980 年代就將雙離合變速器用於賽車，但直到 2009 年，保時捷才將雙離合變速器用於民用車輛上，最早搭載 PDK 變速箱的車型是保時捷 997 的 Carrera。

PDK 的傳動裝置可區分為，由兩組平行離合器連接引擎的兩個變速箱。基數檔與倒車檔連接到第一組離合器，這組齒輪是變速箱的第一部分；第二組離合器連接偶數檔，構成變速箱的第二部分。原則上，個別齒輪是類似機械式手排變速箱，由電子液壓作動的換檔叉來入檔，但在 PDK 上，齒輪是為了運動性能而設計－車輛在六檔達到極速，七檔則為了降低油耗而齒比較疏。雙離合器變速箱省略了傳統手動變速器的離合器踏板，改由電子控制系統對兩個離合器進行控制。雙離合器變速器的輸入軸也被分為兩部分，兩個離合器各自與一根輸入軸相連，中空的外軸用於連接變速器中的偶數檔位，外軸套嵌的實心內軸則用於連接奇數檔位。兩個離合器在工作時相互配合，各自負責一根輸入軸的動力傳遞。

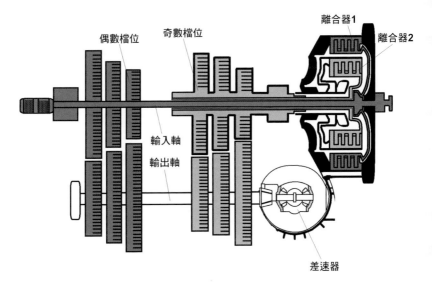

偶數檔位　奇數檔位　離合器1　離合器2

輸入軸
輸出軸

差速器

圖3-85　PDK變速系統

991 基本分為：採用輕量化結構，生產於 2012–2015 年間的第一代（991.1 或 Mk1）；和採用全面渦輪架構，生產於 2016 至今的第二代（991.2 或 Mk2）。

表 3-7　第七代 911 車款

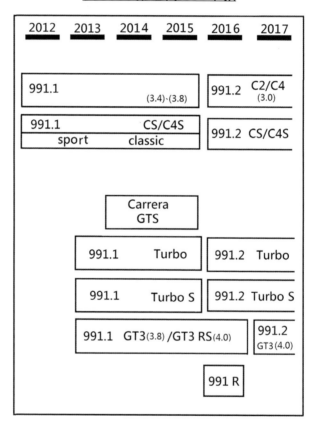

3.7.1　車型演進

991 C2

第七代 911—991，在眾多消費者的盼望下，保時捷終於在 2012 年推出。如同 997 分為採用之前 996 引擎架構，生產於 2004–2008 年間的第一代（997.1 或 Mk1）；和採用引擎缸內直噴及新的雙離合變速器，生產於 2009–2012 年間的第二代（997.2 或 Mk2）。991 也分為採用輕量化結構，生產於 2012–2015 年間的第一代（991.1 或 Mk1）；和採用全面渦輪架構，生產於 2016 至今的第二代（991.2 或 Mk2）。

2012–2015 年間，與前一代 997 相比，991 的車身稍微大一些，軸距增加了 100 毫米，達到 2,450 毫米；總長度也增加了 70 毫米，達到 4,490 毫米。991.1 基本款（C2）使用 3.4 公升引擎，卻較之前 997.2 的 3.6 公升引擎增加 5 匹馬力輸出，加上改使用高強度鋼、鋁合金和某些複合材料於車身上，將 991.1 Carrera 的車重由 1,490 降至 1,380 公斤，而輕量化結構大幅提升其性能表現。991 系列均搭載雙離合變速器 PDK 七段變速系統，同時具有手動和自動模式，第六檔能達到最高速度，而第七檔的齒輪較長，則有助於在發動機轉速變低時降低燃油消耗。991.1 性能款車（CS：一般車身／C4S：寬體車身）同 997 性能款車（CS：一般車身／C4S：寬體車身）使用 3.8 公升引擎，馬力輸出則由 355 匹增至 395 匹。此外，延續之前 2010 年推出 911 Sport Classic（這是一款限量 250 台的 911 Carrera S 跑車版本），991.1 則在 2012–2015 年間都有推出 Sport Classic，並

圖3-86　991 C2

編輯圖片作者版權資料：Micha Rosenwirth ╱ Shutterstock.com

在 2014–2015 年推出 GTS。當與 PDK 配合使用時，在啟動控制的幫助下，始終以 3.8 秒的速度實現每小時 0 ～ 60 英哩。

991 第二代均採用了兩個渦輪增壓器，而 Carrera 和 Carrera S 的馬力分別增強至 370、420 匹馬力，配合其性能不同，個別使用不同尺寸的渦輪葉片（Carrera 為 49 毫米、Carrera S 為 51 毫米）補足性能需求的差異，而排氣渦輪機則是一併由兩個長度 45 毫米大的渦輪葉片組成。

991 Turbo S

2013 年，991 Turbo 採用雙渦輪增壓的 3.8 公升引擎，產生 533 匹馬力，Turbo S 版本產生 572 匹馬力。按照保時捷 Turbo 系列的要求，雙渦輪增壓系統可以在 3.1 秒內達到 100 公里／小時，但經過許

圖3-87　991 Turbo S

多汽車雜誌和愛好者的實測下，實際上 2.6 秒即可達到。2013 年 3 月介紹最新的 GT3 車型公布了主動後轉向，使用 3.8 公升引擎，提供比以前更高的橫向動力學且產生 469 匹馬力。2015 年推出 GT3 的 RS 版本，使用 3.8 公升引擎產生 500 匹馬力，其屋頂由鎂製成，內部包括完整的桶座（基礎類似 918 Spyder 的碳座）、碳纖維插件、輕質門把手和標準的俱樂部運動套裝。

　　而後發表的 991 Turbo 和 Turbo S，後輪可以根據車輛速度、轉向角和行駛狀況，計算出傾側狀況，並且其車輪具有高達 2.8 度的逆時針轉向，使車子高速行駛時轉向更為容易。而雙渦輪系統的搭載可以使 Turbo 和 Turbo S 的馬力數提升至 540、580 匹馬力。

991 GT3 RS

2016 年發表的 911 R 與 GT3 RS 採用了大部分的基礎架構，但進一步取消了卷籠、後翼等構件，節省了 50 公斤的重量。R 車款只有六速手動變速器，與 GT3 RS 相比阻力係數較低，最高時速為 323 公里／小時，還提供了更輕的飛輪、空調和音頻系統等附加選項。

2016 年，保時捷對 991 第一代發表了全面的改裝，先發表 911 的兩個基本款（911 Carrera 和 911 Carrera S），991 的新引擎僅僅只有 3.0 公升，而非以往的 3.4 和 3.8 公升。但考量到得產生更多的動力和更低的油耗，新款的 991 最特別之處，就是全面使用 Turbo 系列專屬的渦輪增壓系統，讓自然進氣系統從此走入保時捷的歷史中。

圖3-88　991 GT3 RS

編輯圖片作者版權資料：Sergey Kohl ／ Shutterstock.com

3.7.2 輕量化結構

991 分為採用輕量化結構，生產於 2012–2015 年間的第一代（991.1 或 Mk1）；和採用全面渦輪架構，生產於 2016 年至今的第二代（991.2 或 Mk2）。

為了將動力傳遞最大化以達到對速度的追求，汽車車身的材料選用，一路從木製、鋼製再到如今的合金，無非就是期望能同時追求結構性的強化與速度的穩固，於是，最新一代的保時捷 991 設計時便大膽採用輕量化的素材建構車身。原廠設計師於製造骨架的時候採用強度極高但厚度極薄的鋼製外殼，並且大量使用硼鋼和鎂合金加強車尾、車頂、車門等處，此舉將 991.1 Carrera 的車重由 1,490 降至 1,380 公斤，成功使其降低油耗，讓 991 成為同級距裡最輕的跑車。

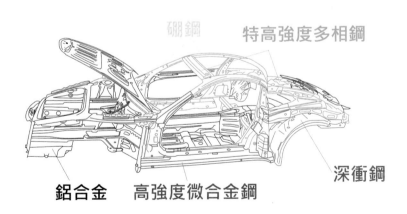

圖3-89　991輕量化結構

3.7.3 渦輪增壓引擎演進

所謂的渦輪增壓引擎，顧名思義為使用渦輪增壓機增加引擎進氣量的技術，裝置內有二個同軸渦輪葉片，分別為「主動葉片」與「被動葉片」。引擎運作所產生廢氣推動渦輪增壓機內的主動葉片，帶動同軸被動葉片，將經由空氣濾清器管道進來的新鮮空氣，加壓送入引擎汽缸。當引擎轉速變快，廢氣排出速度與渦輪轉速也會加快，所以空氣壓縮的程度就得以加大，引擎進氣量便增加，引擎的輸出功率也跟著增加。渦輪增壓系統可以在不增加引擎排氣量的基礎上，大幅度提高引擎的馬力和扭力。一台引擎裝上渦輪增壓器後，其輸出的最大馬力與扭力，最少可增加約 40％甚至更多。

2013 年，991 Turbo 採雙渦輪增壓的 3.8 公升引擎（渦輪葉片尺寸 57.16 毫米），產生 533 匹馬力，Turbo S 版本產生 572 匹馬力。對於保時捷 991 Turbo 來說，其採用的進氣方式為雙渦輪進氣，空氣由風扇吹進引擎室後，從後方兩個進風口進入到位於後保桿之中的管，導入後輪後方的 intercooler，再從保桿兩側下方的出風口排出，而出風口正好位於車尾低壓區，能夠有效將熱空氣吸出，比起單渦輪增壓系統有更多的空間加強車的馬力。

2016 年對 991 第一代發表了全面的改裝，首先發表 911 的兩個基本款（911 Carrera 和 911 Carrera S），991 的新引擎僅有 3.0 公升，而非以往的 3.4 和 3.8 公升。新款的 991 最特別之處，就是全面使用 Turbo 系列專屬的渦輪增壓系統，讓自然進氣系統從此走入保時捷的歷史中。991 第二代均採用了兩個渦輪增壓器，而 Carrera 和 Carrera S 的馬力分別增強至 370、420 匹馬力，使用不同尺寸的渦

輪葉片（Carrera 為 49 毫米、Carrera S 為 51 毫米），明顯小於之前第一代 991 Turbo 的渦輪葉片尺寸 57.16 毫米。而後發表的第二代 991 Turbo（渦輪葉片尺寸增加為 68 毫米）產生 540 匹馬力，Turbo S 產生 580 匹馬力。

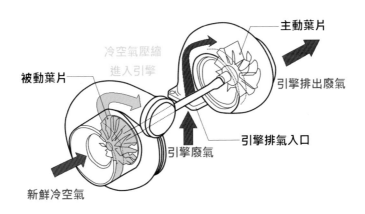

圖3-90　渦輪增壓機示意圖

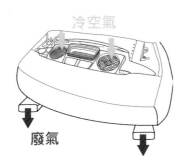

圖3-91　991 Turbo

2020 年 992 代表了保時捷 911 的第八代獨特車型，它延續了公司的交替模式，即進行革命性的重新設計，然後進行進化更新。雖然 992 似乎更像是一種進化性的重新設計，但其表皮下的一些細節代表了其結構和電子子系統方面的一場革命，以及保時捷對大眾／奧迪集團車身架構和生產流程的適應。

3.8.1　車型演進

992 Carrera

2018 年 11 月首次亮相的 992 系列車型是 Carrera S 和 Carrera 4S，在 2018 年洛杉磯車展上展出。兩款車型均搭載 3.0 升雙渦輪增壓六缸發動機。Carrera S 和 Carrera 4S Cabriolet 於 2019 年 1 月推出，而基礎 Carrera 和 Carrera 4 於 2019 年 7 月推出。

992 Targa

992 代 911 的 Targa 車身風格於 2020 年 5 月 18 日在保時捷網絡電視頻道 9:11 雜誌上首播。這些車型共享配備八速 PDK 變速箱的 Carrera 4 和配備八速 PDK 變速箱的 Carrera 4S 的全輪驅動傳動系統，兩種型號均由 3.0 升雙渦輪增壓六缸發動機提供動力，Targa 4 的額定功率為 380 hp 和 450 Nm 的扭矩。與其前身相比，功率輸出增加了 15 hp。在 Targa 4S 中，六缸發動機的額定功率為 444 hp，比前身增加了 30 hp，最大扭矩為 530 Nm，多出 30 Nm。

Targa 4 在兩個車軸上都配備了 330 mm 的製動盤，而 Targa 4S 在兩個車軸上都配備了更大的 350 mm 制動盤。保時捷主動懸掛管理系統（PASM）是新款 911 Targa 車型標準裝備的一部分。Porsche Torque Vectoring Plus（PTV Plus）包括一個具有完全可變扭矩分配的電子後差速鎖，是 Targa 4S 的標準配置，也是 Targa 4 的可選配置。

2020 年 6 月，保時捷發布了 Targa 4S Heritage Design Edition。該車採用早期 Carrera 車型的設計元素，例如每個前擋泥板上的淚珠和側面的賽車圖形。該車可以訂購七速手動變速箱或 PDK 雙離合自動變速箱，全球產量僅限 992 輛。

圖3-94　992 Targa

編輯圖片作者版權資料：Jack Skeens ／ Shutterstock.com

992 Turbo

992 Turbo S 於 2020 年 3 月推出，配備雙渦輪增壓 3.7 升六缸發動機，額定功率為 641 hp 和 800 Nm 的扭矩。該發動機基於 Carrera 車型中的 3.0 升發動機，其衝程略短於即將推出的 Turbo S 發動機，壓縮比也降低到 8.7：1。該車可在 2.4 秒內加速至 100 公里／小時，並在 8 秒內達到 0–200 公里，最高時速為 330 公里／小時。渦輪增壓器和進氣系統都更大，後者現在直接位於發動機後面，而不是像以前的 911 Turbo 車型那樣位於後擋泥板中。後擋泥板現在改為容納空氣過濾器，有兩個新的選項可用：主動懸架管理和運動型排氣。標準設備包括保時捷動態底盤控制（PDCC）、後橋轉向和陶瓷複合制動器。前部現在有自適應冷卻襟翼，且尾翼更大，產生的下壓力比以前的型號多 15%。主動防傾桿、自適應減震器和後輪轉向式標準配置。2020 年 7 月，引入了 Turbo 變體，它具有相同的雙渦輪增壓 3.7 升六缸發動機。

在 Sport Auto 於 2021 年 1 月 30 日進行的一項測試中，992 Turbo S 在第一次嘗試時跑了 7 分 25 秒，第二次嘗試時跑了 7 分 21 秒繞賽道一圈。無論雜誌如何描述，保時捷聲稱該車在潮溼條件下的表現甚至比乾燥條件更好，因為其獨特的潮溼駕駛模式和專門開發的輪胎在潮溼條件下具有更大的抓地力。Sport Auto 在潮溼的條件下嘗試了第 3 圈，該車在 20.6 公里的賽道上用時 7 分 17.3 秒，比 Sport Auto 測試上一代 991.2 Turbo S 的單圈時間慢了 0.2 秒。

↑ **圖3-95　992 Turbo**
編輯圖片作者版權資料：Veyron Photo ／ Shutterstock.com

↓ **圖3-96　992 Turbo**
編輯圖片作者版權資料：Gabo_Arts ／ Shutterstock.com

992 GT3

2021 年 2 月，保時捷推出了 992 的 GT3 版本。與大多數其他 GT3 保時捷一樣，它旨在用於混合使用，並具有更注重賽道的設置。它使用與 991.2 相同的 4.0 升自然吸氣式六缸發動機，並產生超過 503 hp 的功率。它在 3.4 秒內達到 100 公里／小時，而最高時速為 320 公里／小時。992 GT3 最近在紐伯格林北環賽道創下了 6:55.34 分鐘的單圈成績。與標準車型不同的是，GT3 配備了一個帶有更大通風口的大型後擾流板、一個更大的擴散器、兩個大型排氣連接、內部的桶形座椅和一個可選的防滾架。GT3 使用七速 PDK 或六速手動，而不是其他車型使用的七速手動或八速 PDK。

圖3-97　992 GT3

編輯圖片作者版權資料：Dan74／Shutterstock.com

圖3-98　992 GT3

編輯圖片作者版權資料：Sport car hub ／ Shutterstock.com

圖3-99　992 GT3

編輯圖片作者版權資料：Sport car hub ／ Shutterstock.com

3.8.2 車款改進

992 的發動機採用與 991.2 相同的基本鋁塊結構，具有相同的缸徑和衝程尺寸（基本 Carrera 和 Carrera S 發動機的排量均為 3.0 升），以及通過等離子線轉移電弧技術。379 hp 992 Carrera 和 443 hp Carrera S 發動機分別產生 9 hp 和 23 hp 的增益，同時還提高了燃油效率。保時捷工程師通過改進發動機及其輔助設備的許多細節來完成這一壯舉。靜態壓縮比從 10.0：1 提高到 10.2：1，並透過在每個汽缸的相鄰進氣門上使用不同的「小」氣門升程量來提高燃燒效率。這種不對稱的氣門升程概念以前曾在 2003 年的第一代（9PA）Cayenne S V8 發動機上使用。

進一步提高效率是保時捷首次在汽油直接燃油噴射，發動機中使用壓電燃油噴射器。作為共軌柴油發動機領域的中流砥柱，壓電噴油器與以前的電磁式噴油器相比，能夠更精確地控制噴射燃料。螺線管噴油器使用電磁鐵在施加電壓時提升噴油器樞軸，從而使燃料能夠離開噴油器。這適用於保時捷的汽油 DFI 發動機已經使用了十多年，但噴油器樞軸的質量和慣性以及在愈來愈高的燃油軌壓力下保持樞軸關閉所需的重型複位彈簧最終限制了螺線管噴油器的精度範圍。每個壓電噴射器主體內部是數百個壓電材料薄晶片的堆疊，當施加電流時（通過 DME 發動機控制單元內的升壓變壓器超過 100 伏），所有這些晶片都會略微膨脹。壓電堆棧的累積膨脹用於通過一對小槓桿間接提升噴射器樞軸，從而允許燃料流動。壓電堆棧實現的精確控制最大限度地減少了與電磁螺線管相關的「死區時間」，並且在低轉速／高負載條件下，每個進氣循環最多允許 5 個單獨的噴射事件，以實現噴

射燃料的最佳霧化（以前的螺線管噴射器是每個週期限制為 3 次注射）。

992 發動機懸置系統代表了 911 系列歷史上的第一次重大變化。到目前為止，每台 911 都有一個用螺栓固定在發動機曲軸箱滑輪側的發動機支架，末端連接到發動機艙每個後角的軟支架上。992 使用發動機安裝支架，與四缸 718 底盤一樣，這些支架直接用螺栓固定在凸輪軸蓋上。這使得發動機支架在不犧牲舒適性的情況下更加堅固，並使支架能夠在底盤中進一步向前移動，以減少發動機扭矩對傳動系統的影響。這也提高了可選的保時捷主動傳動系統支架（PADM）的有效性。

保時捷入門跑車924／944／968（1976–1995）的主要特徵：
①直列四缸（而非911水平對臥六缸引擎）
②前置引擎（而非911後置引擎）

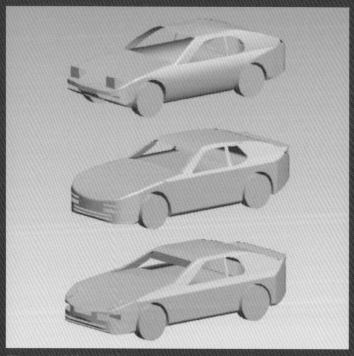

圖4-1　保時捷入門跑車924／944／968的立體圖

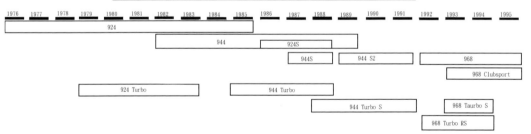

4.1 生產年代與主要特色

保時捷除了不敗經典的 911 系列外,直列四缸前置引擎的入門跑車 924 ／ 944 ／ 968 也深受消費者喜愛。924 起先是由福斯汽車和保時捷合作開發以取代 914。924 為保時捷的革命性車款,除了是第一款水冷引擎車,也是第一款前置引擎車,其售價美金 $9395 的入門款 924 在推出後立即獲得消費大眾的青睞,在 1976–1985 年間共售出超過 120,000 台。其後繼車款 944 及 968 也都得到市場好評。

表 4-1 保時捷入門跑車 924 ／ 944 ／ 968 車款

1976	1977	1978	1979	1980	1981	1982	1983	1984	1985	1986	1987	1988	1989	1990	1991	1992	1993	1994	1995

924
944
924S
944S
944 S2
968
968 Clubsport
924 Turbo
944 Turbo
944 Turbo S
968 Taurbo S
968 Turbo RS

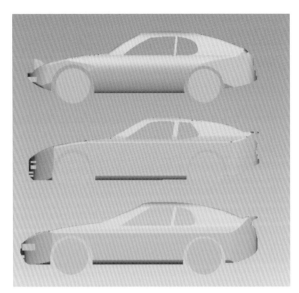

圖4-2　保時捷入門跑車924／944／968的側視圖

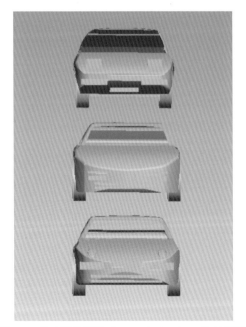

圖4-3　保時捷入門跑車924／944／968的前視圖

924

924 起先是由福斯汽車和保時捷合作開發以取代 914（圖 4-4），希望能改善 914 內部儲存空間不足，並將多數零件更改為福斯汽車集團零件。原始商業想法是開發一部福斯跑車（開發代號 EA425），以擴大金龜車之外的市場並由保時捷擔任工程顧問（保時捷當時已開始進行高階跑車 928 的開發）。但到了 1975 年初，由於福斯面臨 1973 年的石油危機之餘波，及因接連的新車開發（Passat，Scirocco & Golf）導致現金流量不足，而決定取消當時實際上已經完成的 EA425。而另一方面，保時捷也因石油危機之餘波，而使得其推出的馬力大的昂貴跑車未受市場青睞；此時 924（圖 4-6）反倒成為一個比 928 更好的選擇，可用以擴大保時捷公司的生產種類及產量。

最初的設計使用 EA831 2.0 公升引擎（此引擎後來也用於奧迪 100 和福斯廂型車），保時捷選擇了後輪驅動的布局和一個後置式橋（Transaxle，gearbox and final drive）的設計，以幫助實現其 48／52 的前／後重量分配。最初 924 只有四速手動或三速自動變速箱，後來於 1978 年保時捷設計出了一個五速手動變速箱取而代之。924 使用博世 K 噴射引擎，能產生高壓縮比 9.3：1 的 125 匹馬

力（原始 911 2.0 為 130 匹馬力），而在北美市場為了使用 91 無鉛汽油，則降低其壓縮比至 8：1，只能產生 95 匹馬力。924 的設計者為荷蘭人 Harm Lagaay，其整體造型的最主要特色為電動折疊大燈及雙曲線後背窗。保時捷 924 在 1976 年和 1985 年之間生產，期間沒有重大改變。

　　1979 年，保時捷由 1975 年的 911 Turbo 930 的成功開發經驗，採用了相同技術推出了 924 Turbo，而保時捷代號 931（左駕）及 932（右駕）明顯跟隨代號 930（911 Turbo）。保時捷利用與奧迪相同來源的 EA831 2.0 引擎，設計了一個全新的鋁合金缸蓋（CylinderHead），下降壓縮比至 7.5：1，並設計了一個 12 psi 升壓 KKK 渦輪增壓器，可輸出 170 匹馬力。924 Turbo 的馬力輸出直逼同時期的 911 SC（180 匹馬力），而且優異的操控性及穩定性，加上其售價較 911 SC 便宜一成以上，我認為應該成為 911 的競敵才對。用現今的標準來看，原始渦輪設置會有渦輪延遲（Turbo Lag）、渦輪機油引擎關閉後散熱不易、部分零件過熱等問題。於是保時捷自 1981 年起，使用了一個較小的渦輪增壓器及電腦化點火系統，以提高其壓縮比至 8.5：1，並且在引擎關閉後，使渦輪機油繼續循環直至溫度降下。

圖4-4 914

編輯圖片作者版權資料：Sergey Kohl ／ Shutterstock.com

圖4-5 914

編輯圖片作者版權資料：Keith Bell ／ Shutterstock.com

圖4-6　924

編輯圖片作者版權資料：AS photo studio ／ Shutterstock.com

圖4-7　924

編輯圖片作者版權資料：AS photo studio ／ Shutterstock.com

944 & 968

保時捷重新設計了一個全合金 2.5 公升直列四缸引擎，在本質上為 928 5.0 L 的 V8 的一半，但有極少部分實際上是可以互換的。為了克服典型直列四缸引擎所造成的不平衡力，保時捷使用兩個旋轉的平衡軸，以凸輪軸轉速運行抵消此不平衡力。此項技術由英國工程師蘭徹斯特博士（Doctor Lanchester）於十九世紀末發明，三菱汽車（Mitsubishi）將其進一步發展後於 1975 年獲得專利。最初保時捷希望重新設計以避開三菱汽車專利，但後來發現製造成本過高，結果還是付專利費用給三菱汽車。非常難得地，日本汽車公司竟然能技高一籌。

由於 944 有 163 匹馬力，且幾乎和 924 一樣省油因而大賣，反而造成了 924 滯銷，僅有像在義大利和法國等引擎大於兩公升要付較高稅金的國家才有銷路。而 944 是款純正保時捷跑車，不使用任何奧迪引擎或傳動件，並以合理的價格發揮保時捷應有的性能表現。此外，由於 944 於市場上太暢銷，造成引擎數量不足無法提供給 924 S（有 944 的引擎及 924 的外殼），導致 924 S 直至 1986 年才推出。

944 Turbo（圖 4–8）於 1985 年推出，具有三個新特點。首先，催化轉換器成為了標準配備，並有 Montronic 引擎管理系統及一個水幫浦，使得引擎熄火後可繼續循環降溫。如同 924 Turbo（170 匹馬力）的馬力輸出直逼同時期的 911 SC（180 匹馬力），944 Turbo（220 匹馬力）的馬力輸出直逼同時期的 911 Carrera（230 匹馬力），但大眾好像不買 Turbo 款的帳。1987 年推出有 16 氣門的 944 S（190 匹馬力），1989 年則推出 944 S2（3.0 引擎）。944 Turbo 持續生產至 1988 年，

而 944 Turbo S（250 匹馬力）則在 1988–1991 年間生產。

968（圖 4–10）是更新 944 S2 直列四缸 3.0 引擎（本應叫 944 S3），可生產 240 匹馬力，採用保時捷當時新的可變氣門正時系統（VarioCam）及優化輸出力矩曲線。其新式的六速手動變速箱取代了 944 的舊式五速，和保時捷的雙模式四速自動變速（Tiptronic）成為可用選項。而其 Tiptronic 變速器已經推出，在 968 登場的前 3 年，保時捷僅於 1989 年的 964 及 911 上採用過一次。而保時捷也將 VarioCam 升級版計時系統首次引進至 968，並在之後也將其應用於 993 型六缸引擎的空氣冷卻功能。

圖4-8　944 Turbo

圖4-9　944 Turbo

圖4-10　968
編輯圖片作者版權資料：Dmitry Eagle Orlov / Shutterstock.com

圖4-11　968
編輯圖片作者版權資料：NaughtyNut / Shutterstock.com

目前這三款直列四缸前置引擎的入門跑車,在骨董保時捷中算是價格最低的,入手相對容易而且操控性很棒,但購買時要注意前車主有無用心保養。前幾年常在保養廠看到這種現象:客人開著 944 來請師傅檢查並估算修理費用,來檢查並估算費用的客人不少,卻很少真正修理。後來才了解,當時保時捷 944 的零件並不比 911 的零件便宜多少,944 的修理費用甚至常常超過成交價格,造成了玩家的困擾。花二十萬修理價值近二百萬的 964 好像很正常,但若花二十萬修理價值近二十萬的 944 就很不合理了。希望近年來骨董保時捷國際行情的上漲能有助於改善這個困境。而 968 因為相對較新,所以需要修理的情況較沒那麼嚴重,近年來在台灣的成交價落在四十至七十萬間。

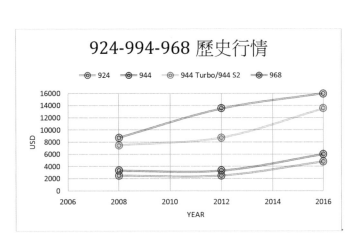

圖4-12　保時捷924／944／968歷史曲線

表 4-2 保時捷 924 / 944 / 968 目前國際行情

924			
1977-82		$	3,500-6,000
924 Turbo			
1980-82		$	6,000-8,000
924 S			
1987-88		$	4,500-8,000
944			
1983-85		$	4,000-6,500
1985-88			5,000-7,000
1989			6,500-8,500
944 S			
1987-88		$	6,000-10,000
944 S2			
1989-91	Coupe	$	8,000-13,000
1990-91	Cabriolet		10,000-17,000
944 Turbo			
1986-88		$	9,000-14,000
1988 S			10,500-16,500
1989			12,000-19,000
968			
1992-95	Coupe	$	11,000-18,000
1992-95	Cabriolet		13,000-20,000

維修常見問題：

1、正時皮帶（Timing Belt）

問題 & 原因

- 不同於原本的 924 奧迪引擎，保時捷設計的 944（924S）和 968 引擎為干涉引擎（interference engine，圖 4-13），如果正時皮帶（凸輪軸皮帶，圖 4-14）斷裂，活塞就會撞擊閥門，因此正時皮帶、平衡軸皮帶（balance-shaft belt）、滾輪，每 30000 英里就需要替換，而水泵浦也建議於同一時間替換。另外還有一些常見的密封洩漏，如油底殼墊片（oil-pan gasket）、前密封、和平衡軸密封。

2、油汙染（Oil Contamination）

問題 & 原因

- 引擎的漏油，油可以從油冷卻器強制進入冷卻系統。

改良過程

- 可以使用新的合適密封解決這個問題，大部分的車很久之前就修理過，但還是建議去檢查冷卻液箱的汙染問題。

3、昂貴的玻璃斜背後窗（Pricey Hatchback）

問題 & 原因

- 944 的玻璃斜背後窗是最惡名昭彰的問題區，一旦壞掉就要花費上千元美金去替換。如果玻璃分層，將會導致發出聲響和漏水，而漏水會使得車內和備胎積水。

4、Turbo 增加的花費

- Turbo 引擎運轉比自然進氣引擎更熱且結構更複雜。

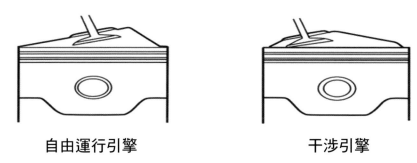

自由運行引擎　　　　　　　　干涉引擎

圖4-13　干涉引擎

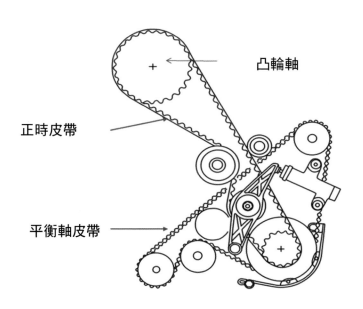

凸輪軸

正時皮帶

平衡軸皮帶

圖4-14　968凸輪軸皮帶

5、雜項（Miscellaneous）

問題 & 原因

- 動力轉向軟管（power-steering hose）和密封洩漏，會讓分流閥（diverter valve）更熱。

- 馬達安裝（Motor mount）容易發生故障，為車子在行走當中的主要震動原因，預估替換費用約為美金 $800。

- 球窩接頭（ball joint，圖 4-15）和鋁製 A-ram 在 1985 年後的車款中設計成不能分開替換。如果球窩接頭壞掉，保時捷會賣你一整個新的 A-arm，而一對 A-arm 須花費約美金 $1000。幸運的是，在汽車零件市場只要花費約美金 $200 就可以替換 2 側的 A-arm。

- 檢查儀表板是否破裂（非常常見），電動窗若緩慢移動是否故障，數位時鐘是否正常運轉，手套箱門（glovebox door）是否故障，中控台（center-console）的蓋子是否有裂開。

- 若五速換檔不能平順移動，可能是因為軸承套損壞或馬達安裝造成。如果壓下離合器踏板時有聲音，防火牆（firewall，圖 4-16）有可能會裂開，將需要使用到焊接機和一些鋼板。

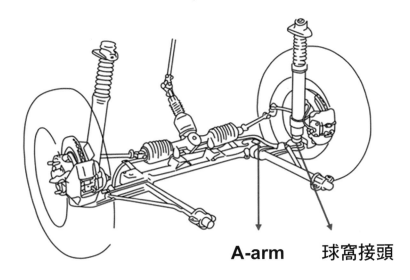

A-arm　　球窩接頭

圖4-15　球窩接頭

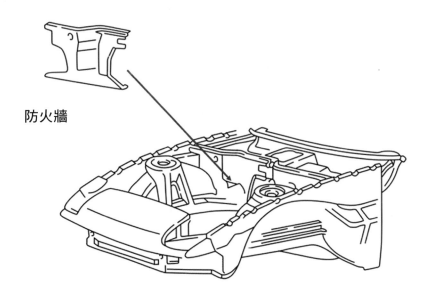

防火牆

圖4-16　防火牆

本章將介紹各代 911 的國際行情與維修常見問題。首先說明 911 國際行情資料來源及過去十年歷史曲線的製作方式。Excellence 雜誌在 2016 年底出了一期 Porsche Buyer's Guide（2016–2017 Edition），這一期中詳細報告 911 各個車款的目前行情介紹，這是我見過最完整的（從 356 至 997）整理，本章各代 911 的目前行情都是出自於此。此外，許多保時捷相關雜誌（如：Excellence、911&Porsche、Total 911、GTPorsche 等）每隔幾年都會有 911 的行情介紹，有時是 964 有時是 993 或其他車款。十年來相關雜誌中的行情介紹，就可以成為本章各代 911 十年歷史曲線的基本數據。

此外，我也會介紹這近年來我所擁有過及我周遭車友的 911 成交價格，藉以反映當時的氛圍以提供讀者了解及參考。由於個人資料量太少不足以當成台灣行情介紹，還請讀者見諒。

近年來，全世界的二手保時捷911價格不斷高漲，氣冷式引擎911（第一代至第四代）更是如此，三年漲一倍是正常的現象。第一代911在台灣數量不多，因為當時台灣經濟尚未起飛，能買得起車的人有限。圖5-1是1973年911 T的歷史行情，目前國際行情從$35,000（車況尚可接受：可開但需小調整、漆退色、板金小凹但無銹）到$100,000（完美車況：低里程如新）。最上方曲線為完美車況的價格；最下方曲線為車況尚可接受的價格；而中間曲線則為平均價格，可大致反映出車況普通車的行情。之後的圖只會呈現平均價格曲線，讀者可將平均價格約加減30％即可得到完美車況的價格與車況尚可接受的價格。

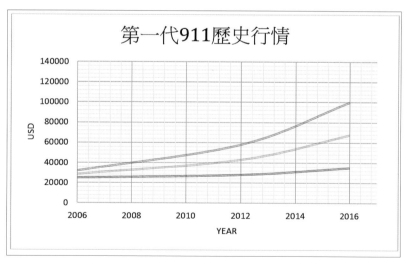

圖5-1　第一代911歷史行情

表 5-1　第一代 911 目前國際行情

911

1965	Coupe	$125,000-300,000
1966-67	Coupe	45,000-105,000
1968	Coupe	30,000-110,000
1967-68	Targa	50,000-110,000
1968	Targa	25,000-90,000

911 S

1967-68	Coupe	$125,000-220,000
1967-68	Targa	145,000-235,000
1969	Coupe	100,000-165,000
1969	Targa	90,000-150,000
1970-71	Coupe	90,000-180,000
1970-71	Targa	87,000-155,000
1972-73	Coupe	95,000-195,000
1972-73	Targa	90,000-175,000

911 L

1968	Coupe	$30,000-95,000
1968	Targa	65,000-150,000
1968	Targa	35,000-100,000

911 E

1969	Coupe	$ 27,000-90,000
1969	Targa	25,000-85,000
1970-71	Coupe	30,000-95,000
1970-71	Targa	25,000-90,000
1972-73	Coupe	52,000-105,000
1972-73	Targa	50,000-100,000

991 T

1969	Coupe	$ 25,000-80,000
1969	Targa	22,000-75,000
1970-71	Coupe	30,000-95,000
1970-71	Targa	25,000-90,000
1972-73	Coupe	35,000-100,000
1972-73	Targa	30,000-95,000

第一代911常見維修問題

1、鍊條輸送

- ### 張力器（chain tensioner，圖 5-2）

問題 & 原因

- 因為一些漏油因素，造成張力器無法正常運作，導致鏈條脫落，鏈條無法帶動凸輪運轉造成活塞撞擊閥桿。

改良過程

- **張力器**：第一代早期以開放式彈簧驅動張力器，第一代末期以封閉式彈簧驅動張力器，至 1984 年以液油壓方式外加彈簧驅動張力器。
- **從動臂（idler arm）**：第一代早期含有軸襯，1960–1980 年代沒有軸襯，1980 年後從動鏈輪寬度變寬外加 2 個軸襯。

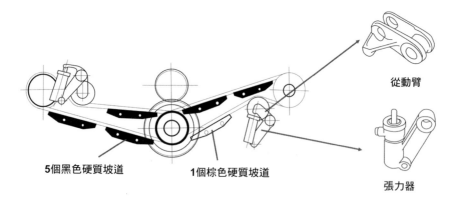

5個黑色硬質坡道　　　1個棕色硬質坡道

從動臂

張力器

圖5-2　張力器與坡道

玩家改裝建議

- 可以換用 911 Carrera 3.2 的油壓張力器（1984 年）及搭配從動臂（1980 年）使用。

  > 註：1964–1968 年間生產的砂鑄鋁曲軸箱（sand-cast aluminum crankcase）不能使用此方法改裝，而要用 930 型號或是機械張力器（mechanical tensioner）。

· 導鏈坡道

問題 & 原因

- 1968 年起使用軟質黑橡膠坡道，使用久了會老化、脆化，導致碎片卡進鏈條內，造成凸輪出現跳動現象。

改良過程

- 起初 6 個軟質黑橡膠坡道（soft black rubber ramp）改成棕色硬質塑料坡道（hard plastic ramp）（911.105.222.05），缺點：會有噪音。
- 後來將 5 個棕色硬質塑料坡道改成黑色硬質塑料坡道（911.105.222.06），保留一棕色硬質塑料坡道。

2、翹曲問題

· 下層排氣閥蓋（圖 5-3）

問題 & 原因

- 1964 年至 1968 年的閥蓋材質使用砂鑄鋁，周圍使用 6 個螺栓固定，但閥蓋會因其他因素造成變形翹曲。

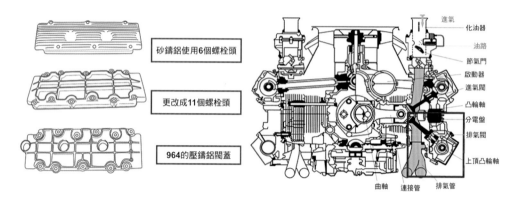

砂鑄鋁使用6個螺栓頭

更改成11個螺栓頭

964的壓鑄鋁閥蓋

進氣
化油器
油路
節氣門
啟動器
進氣閥
凸輪軸
分電盤
排氣閥
上頂凸輪軸

曲軸　連接管　排氣管

圖5-3　下層排氣閥蓋

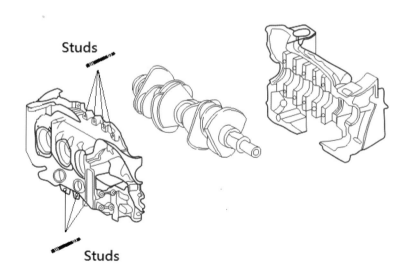

Studs

Studs

圖5-4　曲軸箱螺栓頭

改良過程

- 1968 年使用 11 個螺栓，縮小閥蓋上周圍螺栓的間距、降低翹曲。
- 1968 年至 1977 年改成鎂的材質，特點：質量輕。
- 1980 年閥蓋改成 911 Turbo（930）使用的閥蓋（turbo-style），特點：消除漏油。

・曲軸箱

問題 & 原因

- 1968 年後曲軸箱使用高壓壓鑄鎂（highpressure cast magnesium），有一些螺栓頭（studs）拉出的問題。

改良過程

- 到後期的引擎都是使用螺栓頭直接鎖入曲軸箱，推薦使用 RaceWare 螺栓、Time-Serts 或是鑲嵌外殼形式。
- RaceWare：911 系列引擎有 Dilivar 螺栓拉伸和斷裂的問題，RaceWare 螺栓強度比 Dilivar 高 24％，且被設計用來處理熱膨脹的問題，其防腐蝕層不是塗覆環氧塗層，而是用一種特殊冶金製成。
- Time-Sert：因內外部都有螺紋來提高夾緊力，故可以縮小間隙來鎖住螺栓。

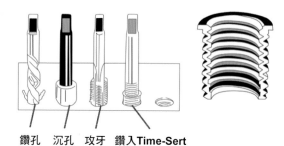

鑽孔 沉孔 攻牙 鑽入Time-Sert

圖5-5 螺栓頭

3、漏油

可能發生位置

• 閥蓋、回油管路、冷卻油、油壓調節閥、曲軸密封。

4、生鏽

可能發生位置

• 大燈罩內部、門板、擋風玻璃角落、窗戶夾層、電池底部、車子底部和門檻。

5、橡膠老化

可能發生位置

• 每個橡膠零件、燃油線密封條、懸架襯套。

5.2

與維修常見問題

第二代911的國際行情

表 5-2　第二代 911 目前國際行情

911 and 911S			
1974-75	Coupe	$	22,000-45,000
1974-75	Targa		20,000-40,000
1974-77	S Coupe		25,000-60,000
1974-77	S Targa		23,000-55,000
911 SC			
1978-83	Coupe	$	20,000-47,000
1978-83	Targa		18,000-43,000
1983	Cabriolet		25,000-45,000
911 Carrera			
1974-75	Coupe	$	45,000-95,000
1974-75	Targa		40,000-90,000
1984-86	Coupe		30,000-60,000
1984-86	Targa		25,000-55,000
1984-86	Cabriolet		32,000-62,000
1987-89	Coupe		33,000-62,000
1987-89	Targa		30,000-55,000
1987-89	Cabriolet		35,000-65,000
1989	Speedster		100,000-195,000
911 Turbo			
1976-77			$100,000-220,000
1978-79			100,000-190,000
1986-88			75,000-110,000
1989			95,000-175,000

約三、四年前，一位屏東醫生車友花了八十五萬買了輛 Carrera 3.2，開了三天之後嫌底盤硬不好開，虧三萬賣給另位車友。目前 Carrera 3.2 在台灣大約要一百二十到一百五十萬之間。讀者可由下圖中看出，這個價位大約是目前國際行情。911 SC 因為是 3.0 公升引擎，一直以來價位都是略低於 Carrera 3.2。1976–1977 年產的 Carrera 3.0 公升則因較稀少，價位反而略高於 Carrera 3.2。

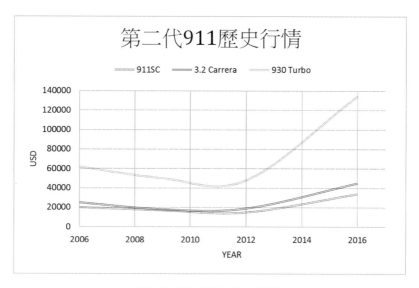

圖5-6　第二代911歷史行情

約四年前，我花了一百五十五萬購入一台 1989 930 Turbo，在二年前以二百五十萬轉手車友，結果想不到目前在台灣大約要三、四百萬。930 Turbo 堪稱是近年氣冷式引擎 911 中上漲幅度第一名的車款（圖 5-6 中 930 Turbo 曲線上升斜率是在本章所有曲線中最大的）。

第二代911常見維修問題

1、CIS 燃油噴射引擎

原理 & 應用

- 保時捷第二代 911 所使用的機械噴射系統也稱為 K 噴，空氣進入歧管後，推動空氣流量板，空氣流量板會將燃油分配器中間的栓塞往上抬，使燃油通過。1973 年，CIS 燃油噴射系統首度應用在車款 911T 的引擎中。1974 年到 1984 年期間，CIS 燃油噴射系統被應用在 911 Carrera 系列的引擎中。

問題 & 原因

- 系統的氣箱會出現爆震的情況，這些爆震是因為大部分冷啟動循環不當而造成的問題。
- 因冷啟動時會有多餘的燃油積在氣箱底部，造成引擎啟動時，氣箱輸送燃油與空氣至每個汽缸中，管路內因每個汽缸所得到的燃油與空氣比例不同，而導致爆震情況發生。

玩家改裝建議

- 加裝冷啟動分布歧管（cold-start distribution manifolding）連結到每個汽缸與氣箱，冷啟動燃油會噴至歧管中間管路，再和空氣閥門（auxiliary air valve）或輔助空氣調節器（auxiliary air regulator）輸送的空氣做混合，再直接送至六個汽缸中。

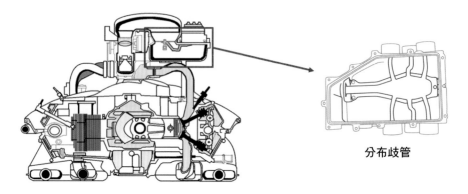

分布歧管

圖5-7　CIS燃油噴射系統

2、翹曲問題

• 曲軸箱

問題 & 原因

- 1968 年前曲軸箱是用砂鑄鋁材質，1968 年之後改成高壓壓鑄鎂—可以減少重量、達到更高精度、降低加工成本及節省加工時間。但後來發現鎂製曲軸箱缺點很多，尤其造成翹曲問題。在外殼翹曲的情況下，螺栓頭會被拉出來。

- 1975 年後因加裝熱反應器（thermal reactors），翹曲問題更加嚴重。

改良過程

- 1975 年 Turbo 引擎、1976 年 Carrera 引擎、1978 年 911 SC 引擎改用高壓砂鑄鋁（highpressure cast-aluminum）製的曲軸箱。

- 1977 年使用 Dilavar 合金汽缸蓋螺栓頭,解決外殼翹曲的問題。

- **螺栓頭(stud)**

問題 & 原因

- 原本是鋼製螺栓頭。
- Dilavar 鋼合金螺栓頭早期應用在賽車引擎上。
- 1975 年 Dilavar 亮銀色的鋼合金螺栓頭首度用在 930 上。
- 1977 年首度使用在 911 Carrera(930)引擎上,以為已經解決鎂曲軸箱的問題,但還是有很多此材質的螺栓頭被拉出甚至斷裂。

改良過程

- 1980 年後 Dilavar 鋼合金螺栓頭使用黃金塗層。
- 1984 年後螺栓頭中間一部分再塗覆黑環氧塗層,但還是容易斷裂。
- 早期因為沒有塗層的保護導致易被腐蝕的問題出現。最後在 1997 年 993 型號和 Turbo 系列未使用 Dilavar 合金螺栓頭,改成近似於 1964 年使用的鋼製螺栓頭,稱為「全螺紋螺栓」(all thread studs)。

3、氣門導管

問題 & 原因

- 原本氣門導管是使用銅材質,但此材質會快速磨損氣門導管,如果車內引擎有加裝熱反應器,約過 30000 英里就會磨耗;車內引擎沒有加裝熱反應器,大約 60000 英里就會磨耗。

- 引擎有過多油耗的問題，會導致堵塞並磨耗氣門導管。閥桿與氣門導管運作過程中會產生過多的煙，氣門導管亦發出噪音。
- 錫閥桿運轉過度，會搶走閥桿與氣門導管需要的潤滑油，造成氣門導管的磨損。

改良過程

- 1977 年氣門導管材質改成矽青銅，此材質更加耐用。

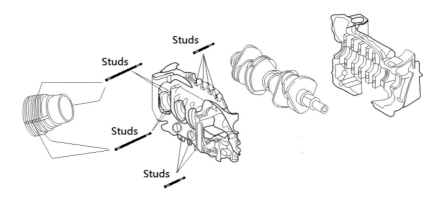

圖5-8　Dilavar合金螺栓頭

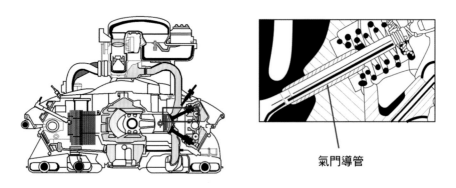

圖5-9　氣門導管

4、漏油

問題 & 原因

- 曲軸箱和凸輪塔頂部密封處。

改良過程

- 鍊條蓋、鍊條外殼、凸輪止推板、軸間板層、凸輪止推 O 型環、可拆卸回油管的墊片改石墨材質。

問題 & 原因

- 回油管路的 O 型環。

改良過程

- 改成氟橡膠。

問題 & 原因

- 油壓調節器由頭部到底部密封會慢慢鬆脫，密封條老化導致漏油發生。

改良過程

- 密封材質改成氟橡膠。

5、橡膠中心離合器

問題 & 原因

- 1978 年引擎使用中心為橡膠的離合器，但是橡膠無法負荷應力，干擾離合器的運轉。

改良過程

- 1983 年改用彈簧中心離合器。

911 SC車款常見問題

- **引擎**：1. 真空分配推進器生鏽、2. 鍊條張力器失效、3. 回油管路漏油、4. 吸油 S 型軟管破裂、5. 油壓調節器／引擎恆溫器的 O 型環漏油、6. 引擎冷卻油漏油、7. 曲軸回油管漏油、8. 氣箱爆震、9. 曲軸塔漏油、10. 通風／加熱管破裂。
- **齒輪箱／離合器**：1. 飛輪密封漏油、2. 離合器中心橡膠破裂。
- **方向盤／剎車／懸掛件**：1. 前控制臂彎曲、2. 剎車主缸漏油、3. 上層方向盤軸承失效（替換襯軸就好）、4. 方向盤損壞、5. 剎車燈開關失效。
- **電氣**：1. 警報控制器失效、2. 遠光燈／方向燈問題、3. 發電機充電問題、4. 里程表／行程表的齒輪失效、5. 轉速限制器失效、6. 窗戶開關失效。
- **車體**：1. 擋風玻璃密封處漏水、2. 後擺桿支架損壞、3. 引擎蓋／後車箱蓋失效、4. 擎聲阻尼墊失效、5. 雨刷逆轉、6. 安全帶捲收器磨損、7. 天窗電纜損壞。
- **燃油噴射系統**：1. 燃油噴射套筒真空洩漏、2. 燃油幫浦軟管破裂。

911 Carrera 3.2車款常見問題

- **引擎**：1. 氣門導管磨損、2. 進氣口墊片漏真空、3. 回油管路漏油、4. 凸輪油管漏油、5. 引擎錫蓋破裂、6. 火星塞連接器失效。
- **電氣**：1. 停車燈二極管失效、2. 警報控制器失效、3. 導航控制

器失效、4. 加熱推進器風扇失效、5. 輔助加熱器風扇、6. 遠光燈／方向燈開關問題。

- **燃油噴射系統**：1. 引擎燃油管路破裂、2. 燃油噴射 DME ／ ECU 接地連接處腐蝕。
- **內部**：1. 里程表／行程表失效、2. 座椅開關失效、3. 收音機天線放大器失效。
- **方向盤／剎車／懸掛件**：1. 後外軸螺帽鬆動、2. 後剎車盤翹曲。
- **車體**：1. 大燈外環密封損壞、2. 方向盤上層輪軸失效、3. 敞篷車頂蓋損壞、4.A ／ C 壓縮機漏油、5. 天窗電纜損壞、6. 後擺感支架損壞、7. 前保險桿生鏽。
- **齒輪箱／離合器**：1. 飛輪密封漏油、2. 變速箱軸密封漏油、3. 離合器中心橡膠破損。

約七年前，我花了七十萬購入人生中第一台保時捷：車況普通的 1991 964 C2。當時資深車友告訴我 964 已經漲上來了，早個兩年一百萬可以買三台車況普通的 964，真是可惜錯過美好的黃金時代。讀者由圖 5-10 可看出車況普通的 964 C2（964 C2 平均價格曲線），在 2006–2009 年間價格一直在美金二萬附近。所以黃金時代時，台灣的 964 是低於當時國際行情，但自 2010 年起，就開始高於國際行情。去年，我以 176 萬售

表 5-3　第三代 911 目前國際行情

911 Carrera 4		
1989-94	Coupe	$ 25,000-60,000
1990-94	Cabriolet	22,000-50,000
1990-94	Targa	20,000-50,000
911 Carrera 2		
1990-94	Coupe	$ 30,000-55,000
1990-94	Cabriolet	25,000-50,000
1990-94	Targa	25,000-45,000
1994	Speedster	125,000-225,000
911 Turbo		
1991-92		$ 80,000-160,000
1993-94 3.6		135,000-225,000
911 Turbo		
1993-94		$ 95,000-175,000

出我手中最後一台 911（964 Targa）予台南一家中藥廠老闆，本書中三台 964（白色手排、黑色自排及紅色 Targa）都是他的收藏。目前車況普通的成交價格約在一百八十至二百萬元間，高出國際行情的美金四萬不少。但幾個月前，一名車友以三百五十萬售出車況尚可的 964 Turbo 3.3，價格倒是只略高於國際行情。而另一名北部車友也自南部知名藏家手中，以七百多萬購入完美車況的 964 Turbo 3.6，乍聽之下好似天價，但參考表 5-3 完美車況的 964 Turbo 3.6，其國際行情直逼美金二十二萬五，約接近台幣七百萬。

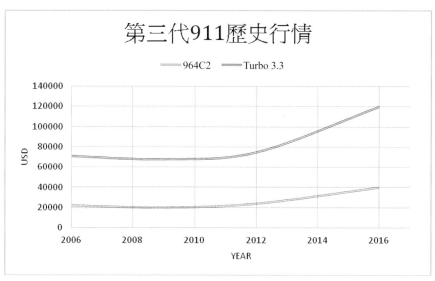

圖5-10　第三代911歷史行情

第三代911常見維修問題

1、汽缸頭漏油（cylinder head）

問題 & 原因

- 在 1989 年、1990 年、1991 年引擎裡的汽缸頭都沒有使用墊片，這會導致汽缸頭和汽缸漏油的問題。車款代表：手排引擎 62M 06836，M64.01 和 62M 52757，M64.02 的 Tiptronics。
- 原本頭部和汽缸都是利用機械加工，螺栓頭的邊緣會有縫隙，此處就會有漏油情況發生。而且當螺帽鎖緊時，螺栓的扭矩力量會使缸蓋變形而造成漏油。

改良過程

- 更換具有較大螺栓結合表面積的汽缸，汽缸頭就不會因汽缸的螺栓扭力過大，造成扭曲還有熱膨脹的影響。
- 放置一個密封環在環繞活塞的凹槽裡以防止漏油。

2、驅動系統

- **驅動皮帶**

原理 & 應用

- 分電盤的驅動皮帶（ignition distributor drive belt）損壞，造成點火器第二個轉子停止轉動，導致每次點火時最靠近的轉子靜止不動並產生火花，增加在汽缸上的點火造成爆炸，最終導致損壞。

改良過程

- 改良過的分配器包括皮帶的改良和增加軟管。軟管可將冷空氣排放到分配器中，使皮帶壽命大大地延長。

- **雙質量飛輪（dual-mass flywheels）**

原理 & 應用

- 雙質量飛輪用於 1990 年。原本在 911 使用的 Freudenberg 雙質量飛輪被證明有問題，所以在 1992 年替換成「LUK」雙質量飛輪，證實更加可靠。

改良過程

- 原本的 Freudenberg 飛輪是用橡膠彈簧，且總旋轉行程限制在 30 度內。LUK 飛輪替換成鋼製彈簧，旋轉行程限制增加至 50 度。

- **全輪驅動（all-wheel drive）**

原理 & 應用

- 964 是用變速箱（transfer case）驅動前輪。在一般情況下，變速箱驅動分成 69％在後、31％在前來提供後輪偏置驅動（rear-biased driving characteristics）特性。當檢測到前後輪因摩擦力不足而打滑時，可立即改變扭矩力。變速箱是一組電動液壓控制的多片離合器，和一個類似橫向鎖在後輪差速器裡，兩種多片分離器都是用橫向加速感測器和車輪速度感測器來控制電力。

- 缺點為保養維修昂貴，如橫向加速感測器一個要 $1000，而且還需要常常更換。

3、漏油

- 漏油是最常見的問題，從引擎的鏈條箱到油密封軟管，每個零件都是容易受到影響的。
- 很多漏油地方都容易修理，但貫穿螺栓（through-engine bolts）周遭的密封卻不是這樣，此種維修要拆卸大部分的水平對置六缸，價格約在 $5,000 附近。

4、車齡

- 前控制臂軸襯由於車齡的問題導致老化，所以在 40mph 以上時會有震動的症狀。保時捷建議替換完整的控制臂。
- 其他兩個容易受老化影響的零件是 DME 繼電器和空調蒸發器。

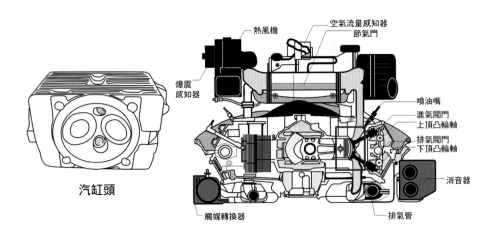

圖5-11　汽缸頭

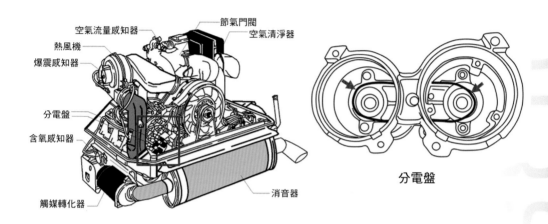

圖5-12　分電盤的驅動皮帶

空氣流量感知器　節氣門閥　空氣清淨器
熱風機
爆震感知器
分電盤
含氧感知器
觸媒轉化器　消音器
分電盤

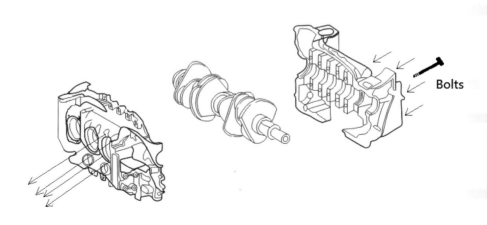

Bolts

圖5-13　貫穿螺栓

　　約七年前花了七十萬購入人生中第一台的保時捷（車況普通的 1991 964 C2），不久後便在同一家保養廠看到了客人託售的 1996 993 C4S。狀況很好的大屁股（寬車體俗稱），且因引擎又改成 Turbo，售價一百七十五萬，比當時一般 993（約一百一十萬）貴了不少，於是我售出 964 後再加上一百零五萬入手。大屁股 993 真的好開又漂亮，不愧為操控性最好的氣冷 911。然而大約二

表 5-4　第四代 911 目前國際行情

Carrera2			
1995-97	Coupe	$	50,000-60,000
1995-97	Cabriolet		45,000-60,000
Carrera S			
1997-98	Coupe	$	70,000-100,000
911 Targa			
1996-98		$	45,000-60,000
Carrera4			
1995-97	Coupe	$	45,000-55,000
1995-98	Cabriolet		40,000-55,000
Carrera4S			
1996-98	Coupe	$	70,000-100,000
Turbo			
1996-97		$	75,000-175,000
1997 S			250,000-350,00

年後，我發現改裝的渦輪會漏油，如果把改裝渦輪拆掉改回原廠，除了需要找原來配件再重拉管線，還須花費電腦重編程費用約數十萬。後來才了解到，改裝不但不能提高價格，而且改回原廠還要花大錢。於是便以二百二十五萬割愛給一名台積電工程師，他花了一年多的時間及約五十萬費用拆掉渦輪改回原廠，就是書中相片（圖3-53）紫色這台。

目前國際行情 993 C4S 也來到接近三百萬，北部車友上個月的大屁股 993 成交價約四百萬。目前車況普通的 993 C2 台灣成交價格約在二百至二百五十萬間，高於國際行情美金五萬不少。由此可見台灣玩家特別喜歡 993 和 964。

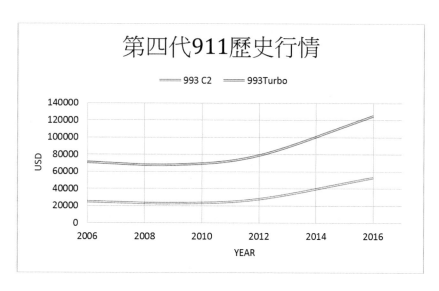

圖5-14　第四代911歷史行情

第四代911常見維修問題

1、電線束

`造成問題`

- 線束電線絕緣劣化，多條劣化的電線可能導致短路，影響引擎正常運作。

2、二次空氣噴射

`原理 & 應用`

- 二次空氣噴射系統非常靠近引擎，可能是在汽缸頭的排氣口或在排氣歧管。在廢氣排出氣管之前，此系統提供空氣，進一步燃燒在廢氣裡未燃燒或是部分燃燒的燃油。但二次空氣噴射系統是用來幫助觸媒轉換器（catalytic converter）的高效功能，並非一個主要的排放控制裝置。

`問題 & 原因`

- 氣門導管容易磨損。
- 二次空氣噴射系統的管路較小，所以相當容易在內部積碳導致堵塞空氣流動。
- 上述兩個問題中的任何一個都會導致無法通過排煙測試（smog test），更嚴重的話可能需要引擎重建（engine rebuild）。

`檢測系統`

- 1995 年的 993 因為 OBDI（On-Board Diagnostics 1 System）診斷系統功能不足，而無法檢測出上述問題。

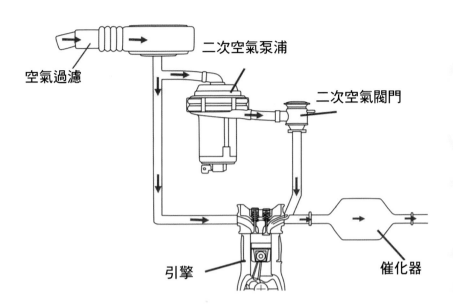

二次空氣泵浦

二次空氣閥門

空氣過濾

催化器

引擎

圖5-15　二次空氣噴射

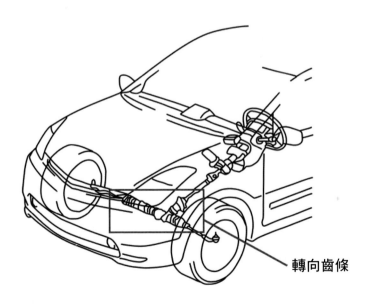

轉向齒條

圖5-16　轉向齒條

- 1996 年起，車載診斷系統 OBD2 可自動檢測出排煙異常，提醒車主進行維修。此外，磨損的氣門導管也須維修，避免進一步損壞火星塞、觸媒轉換器和各種排放控制的測試，例：排煙測試，所有 993 都容易受到這些問題影響。

3、漏油

問題 & 原因

- 在齒條密封區域如果有輕微的漏油情況，並不會造成轉向故障。但如果儲油罐的油體整個外流，代表轉向齒條已經漏油，此情況需要時常檢查動力轉向儲油罐。由於漏油區域是由橡膠保護套覆蓋，一般不會注意到直到油體通過橡膠套，但此時代表橡膠套已經破裂。
- 早期的車，改裝 18 英寸的車輪也需要更新齒條來避免間隙問題。

4、天窗

轉向齒條

- Targa 的玻璃天窗會發出聲響，偶爾會漏水。

964 & 993車款常見問題

- **引擎：**1. 氣門導管磨損、2. 閥蓋墊片漏油、3. 分電盤和轉子損壞、4. 火星塞管線破裂、5. 鍊條張力器連接器漏油、6. 火星塞連接器失效。

- **Turbo 引擎**：在啟動時產生多餘的煙霧。
- **齒輪箱／離合器**：1. 飛輪密封漏油、2. 飛輪損壞、3. 變速箱軸承密封漏油、4. 從動缸破裂、5. 從動缸軟管漏油。
- **方向盤／剎車／懸掛件**：1. 轉向齒條波紋管破裂、2. 轉向齒條漏油。
- **電氣**：遙控警報損壞。
- **車體**：1. 外部擋風玻璃破裂、2. 後摺疊尾翼損毀、3. 後尾翼線纜／驅動機構發出聲響、5. 後擋泥板老化、6. 第三個（中間）剎車燈線路問題。
- **內部**：1. 內部溫度感測器馬達損壞、2. 中心控制台橡膠墊遺失、3. 門套橡膠墊遺失。
- **燃油系統**：燃油蓋密封更新。

第五代911的國際行情與維修常見問題

表 5-5　第五代 911 目前國際行情

911 Carrera			
1999-01	Coupe	$	18,000-26,000
	Cabriolet		18,000-30,000
2002-04	Coupe		23,000-35,000
	Cabriolet		23,000-35,000
911 Targa			
2002-05		$	25,000-35,000
911 Carrera 4			
1999-01	Coupe	$	19,000-30,000
	Cabriolet		22,000-30,000
2002-04	Cabriolet		26,000-35,000
911 Carrera 4S			
2002-05	Coupe	$	30,000-55,000
2004	Cabriolet		35,000-61,000
911 Turbo			
2001-04	Coupe	$	33,000-55,000
2004	Cabriolet		45,000-60,000
2005	S Coupe		51,000-61,000
	S Cabriolet		55,000-65,000
911 GT2			
2002-05		$	80,000-110,00
911 GT3			
2004-05		$	65,000-75,000

讀者可從圖 5-17 國際歷史曲線中發現 996 好像止跌了,比起前幾年甚至有點小小地回升。在台灣也反映出類似的現象。上個月一名車友想入手第一台 911,由於氣冷引擎價格已漲高,我建議可以試試 996。之後便發現一台狀況不錯的 1999 年 996.1(3.4 公升引擎)約八十至九十萬元,而 996.2(2002–2004 年)則落在一百二十至一百三十萬元間。比起目前國際行情,台灣第一代及第二代自然進氣 996 價格只高出國際一些。這樣的價格也持續了幾年不再下跌,而且價格高出國際不多,好像是到底部了,應該是入手 996 的好時機。但是 996 Turbo 近幾年則成交在二百萬附近,價格雖不再下跌但明顯高出國際不少($45,000),所以 996 Turbo 價格是不是到底部就有待觀察了。

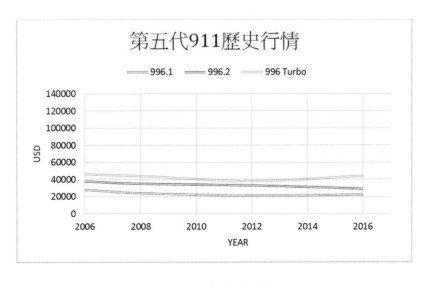

圖5-17　第五代911歷史曲線

第五代911常見維修問題

1、漏油

• 曲軸後端主密封（Rear main seal）

問題 & 原因

- 影響 50 ～ 100％的車，尤其是早期車款，手排的問題會比自排的問題還多。如果曲軸位置不是剛好在曲軸箱中間，RMS就會漏油。

改良過程

- 在 2000 年左右，保時捷在 RMS 問題領域有更好的維修技術，對新款的車影響程度較小。
- 在 2005 年採用新的鐵氟龍密封，可以應用在所有引擎上。

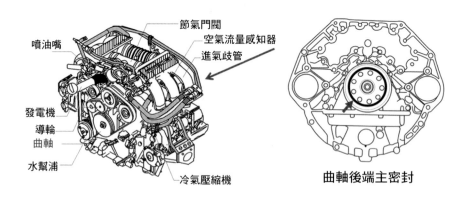

圖5-18　曲軸後部主密封

- 中間軸承的罩子、後箱上的螺栓和閥蓋是否有滴油的情況發生。

2、其他

- 油／氣分離器（air-oil separator）如果漏油會導致排煙現象。

- **中間軸承（Intermediate shaft bearing）**

- 中間軸目的是代替曲軸直接驅動凸輪軸。藉由中間軸承，鏈條速度會下降，這對鍊條壽命較好。

- 雙列球軸承（double-row）和改良後的單列球軸承（single-row）都有用沖壓鋼（stampedsteel cage）包覆。但在長期疲勞和破壞下，就會掉出來散落在引擎內部，如果損壞，水平對臥六缸便無法正常運作。

- 原本中間軸是使用雙列球軸承。
- 在 2002 年改成單列球軸承。
- 保時捷在 2006 年中期使用新設計的軸承，大幅減少損壞次數。

3、漏水

問題 & 原因

- 早期保時捷氣冷式會漏油，水冷式會漏水。

- 冷卻液箱隨著時間久了會破裂，引擎的水泵浦大約 40000 英里要替換，免得塑膠葉輪損壞導致破壞汽缸頭內部。

- 當頂端出現漏水情況，而排水整流罩又堵塞住，就會造成水積在內部。

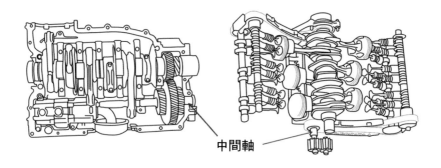

中間軸

圖5-19　中間軸

冷卻液箱

圖5-20　冷卻液箱

5.6

第六代911的國際行情與維修常見問題

　　讀者可從圖 5-21 國際歷史曲線中發現 997 好像還一路向下。997.1（2005–2008 年）也問世了超過十年，但依然未見止跌訊號，更何況配備 PDK 的 997.2。約二、三年前，自然進氣 997.1 跌破二百萬元，而 997.1 Turbo 則向三百萬元靠近。如今自然進氣 997.1 約一百五十至一百六十萬元，較目前國際行情一百萬上下明顯高出許多。997.1 採用和 996.2 一樣的引擎結構，所以國際行情只差美金五千（997.1：$28,000–$40,000 及 996.2：$23,000–$35,000）。但在台灣目前差距約三十萬（997.1 約一百五十至一百六十萬元，而 996.2 落在一百二十至一百三十萬元間）。至於 997.1 Turbo 已跌破三百萬元，約在二百七、八十萬附近。參考 997.1 Turbo 的跌勢未止，及目前國際行情約二百萬元左右，二百五十萬的價格應很快可以到來。

表 5-6　第六代 911 目前國際行情

911 Carrera

2005-08	Coupe	$ 28,000-40,000
	Cabriolet	33,000-48,000
2009-11	Coupe	44,000-55,000
	Cabriolet	46,000-56,000

911 Carrera S

2005-08	Coupe	$ 35,000-45,000
	Cabriolet	38,000-48,000
2009-11	Coupe	48,000-60,000
	Cabriolet	54,000-65,000

911 Carrera 4

2006-08	Coupe	$ 35,000-45,000
	Cabriolet	35,000-45,000
2009-11	Coupe	45,000-60,000
	Cabriolet	45,000-60,000

911 Carrera 4S

2006-08	Coupe	$ 42,000-50,000
	Cabriolet	40,000-50,000
2009-11	Coupe	48,000-65,000
	Cabriolet	50,000-70,000

991 Targa 4

2007-08		$ 40,000-50,000
2009-11		50,000-60,000

991 Targa 4S		
2007-08		$ 45,000-55,000
2009-11		58,000-60,000
911 Turbo		
2007-09	Coupe	$ 60,000-75,000
2008-09	Cabriolet	65,000-80,000
2010-12	Coupe	85,000-95,000
	Cabriolet	85,000-95,000
2011-12	S Coupe	95,000-105,000
	S Cabriolet	95,000-110,000
991 GT3		
2007-08		$ 80,000-105,000
2010-11		115,000-125,000

第六代911常見維修問題

1、漏油

• 曲軸後部主密封（Rear main seal）

問題 & 原因

- 在 996 是很常見的問題，2009 年以前的 997 也有類似情況發生。

- 手排車比自排車還容易受到影響。

- 重的雙質量飛輪和離合器掛在一個相較沒有支撐力的曲軸末端，施加的附載會導致曲軸的托架組件慢慢向下移動，使主密封也跟著移動、疲勞、漏油。如果飛輪和離合器不能達到平衡，這個問題就會惡化。

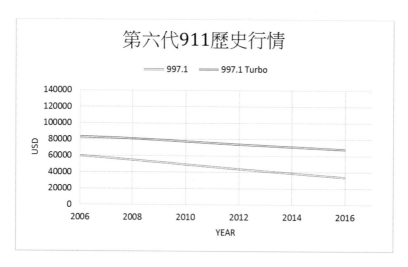

圖5-21　第六代911歷史曲線

- **其他漏油**

可能發生位置

- 油／氣分離器、冷卻液液流槽、閥蓋墊片。
- 中間軸承蓋：漏油已經影響 2009 年前的 997，如果沒有校正會導致軸承失效，但此問題較少見。

2、剎車器

- **碳陶瓷剎車器（Porsche Carbon Ceramic Brakes）**

原理 & 應用

- 優點：高技術的制動塞，相較於普通鋼材剎車器，更輕、壽命更長、更不容易退色。
- 缺點：更昂貴。

保時捷911系列總時序表

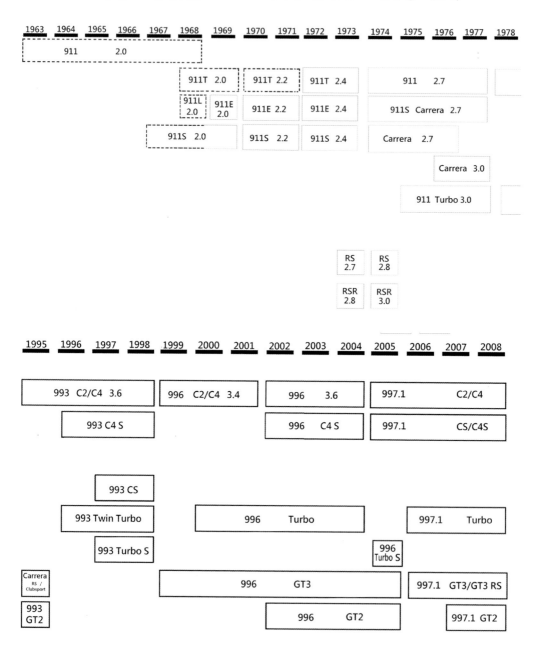

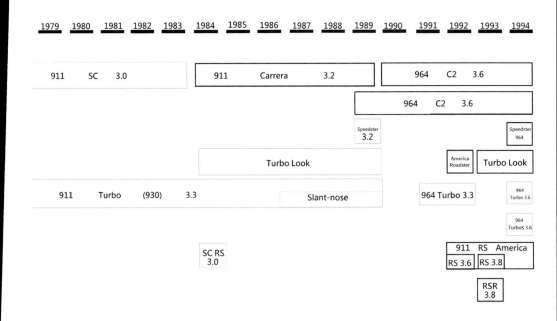

1979 1980 1981 1982 1983 1984 1985 1986 1987 1988 1989 1990 1991 1992 1993 1994

| 911 SC 3.0 | | 911 Carrera 3.2 | | 964 C2 3.6 |

964 C2 3.6

Speedster 3.2

Speedster 964

Turbo Look

America Roadster

Turbo Look

911 Turbo (930) 3.3

Slant-nose

964 Turbo 3.3

964 Turbo 3.6

964 TurboS 3.6

SC RS 3.0

911 RS America

RS 3.6 RS 3.8

RSR 3.8

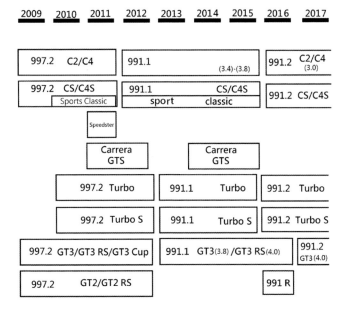

2009 2010 2011 2012 2013 2014 2015 2016 2017

| 997.2 C2/C4 | 991.1 (3.4)-(3.8) | 991.2 C2/C4 (3.0) |

| 997.2 CS/C4S | 991.1 CS/C4S | 991.2 CS/C4S |

Sports Classic | sport classic |

Speedster

Carrera GTS

Carrera GTS

| 997.2 Turbo | 991.1 Turbo | 991.2 Turbo |

| 997.2 Turbo S | 991.1 Turbo S | 991.2 Turbo S |

| 997.2 GT3/GT3 RS/GT3 Cup | 991.1 GT3(3.8) /GT3 RS(4.0) | 991.2 GT3(4.0) |

| 997.2 GT2/GT2 RS | | 991 R |

國家圖書館出版品預行編目資料

保時捷911傳奇（典藏增訂版）：保時捷911稱霸逾
半世紀，完整解析歷代經典車款變革與性能！ / 曾逸
敦著. -- 2版. -- 臺中市：晨星出版有限公司, 2023.02
面；　公分. --（知的！；221）
ISBN 978-626-320-351-8（平裝）

1.CST: 汽車

447.18　　　　　　　　　　　　　　　　111020551

知
的
！　保時捷911傳奇（典藏增訂版）：
221　保時捷911稱霸逾半世紀，完整解析歷代經典車款變革與性能！

作者	曾逸敦
編輯	吳雨書
校對	吳雨書
美術設計	曾麗香
封面設計	ivy_design

掃掃 QR code 填回函，
成為晨星網路書店會員，
即送「晨星網路書店 Ecoupon 優惠券」
一張，同時享有購書優惠。

創辦人	陳銘民
發行所	晨星出版有限公司
	407台中市西屯區工業30路1號1樓
	TEL：（04）23595820
	FAX：（04）23550581
	http://star.morningstar.com.tw
	行政院新聞局局版台業字第2500號
法律顧問	陳思成律師
初版	西元2023年2月15日　初版1刷
讀者服務專線	TEL：（02）23672044 /（04）23595819#212
讀者傳真專線	FAX：（02）23635741 /（04）23595493
讀者專用信箱	service @morningstar.com.tw
網路書店	http://www.morningstar.com.tw
郵政劃撥	15060393（知己圖書股份有限公司）
印刷	上好印刷股份有限公司

定價新台幣450元
（缺頁或破損的書，請寄回更換）

版權所有 · 翻印必究

ＩＳＢＮ：978-626-320-351-8
Published by Morning Star Publishing Inc.
Printed in Taiwan